21世纪经济学研究生规划教材

Game Theory
博弈论

涂志勇 ◎著

北京大学出版社
PEKING UNIVERSITY PRESS

图书在版编目(CIP)数据

博弈论/涂志勇著. —北京:北京大学出版社,2009.7(2019.11 重印)
(21 世纪经济学研究生规划教材)
ISBN 978-7-301-15092-4

Ⅰ.博… Ⅱ.涂… Ⅲ.对策论-研究生-教材 Ⅳ.O225

中国版本图书馆 CIP 数据核字(2009)第 043973 号

书　　　名	博弈论
著作责任者	涂志勇　著
责 任 编 辑	朱启兵
标 准 书 号	ISBN 978-7-301-15092-4/F·2163
出 版 发 行	北京大学出版社
地　　　址	北京市海淀区成府路 205 号　100871
网　　　址	http://www.pup.cn
电 子 信 箱	em@pup.cn　　　QQ:552063295
新 浪 微 博	@北京大学出版社　@北京大学出版社经管图书
电　　　话	邮购部 62752015　发行部 62750672　编辑部 62752926
印 刷 者	北京虎彩文化传播有限公司
经 销 者	新华书店
	787 毫米×1092 毫米　16 开本　12 印张　227 千字
	2009 年 7 月第 1 版　2019 年 11 月第 4 次印刷
定　　　价	25.00 元

未经许可,不得以任何方式复制或抄袭本书之部分或全部内容。

版权所有,侵权必究
举报电话:010-62752024　电子信箱:fd@pup.pku.edu.cn
图书如有印装质量问题,请与出版部联系,电话:010-62756370

序　言

这是一本系统介绍博弈理论的教材,适合高年级本科生、硕士生以及低年级博士生使用。在写作风格上,本书受哲学家奎因(W. V. O. Quine)1965年版129页的《基础逻辑》(Elementary Logic)教程影响很大。《基础逻辑》以其连贯、准确与精炼的叙述使我在一周内从逻辑学的门外汉变成粗通者。因此,我希望本书也能给读者带来类似的高效。为了达到这一目标,本书在写作时力图体现以下四个特点,即简短性、准确性、逻辑性与思想性。

- 简短性:介绍博弈论中最基础、重要的概念与方法。所用例子不多,但又不少到影响对概念及工具的理解。
- 准确性:在行文论述时追求语言的精确,避免模糊与重复。
- 逻辑性:全书体现整个博弈论的逻辑体系,而每章又体现各博弈论组成部分的逻辑架构。
- 思想性:解释各概念与方法背后的思想,以及它们应用的价值及局限性。

本书旨在以较短时间使读者明晰博弈论的基本方法,之后读者便可以自己在"干中学"了。初学者应对书中例题给予足够重视,因为它们发挥着或强化理解、介绍概念或引出其他内容的重要作用。另外,各章之后的思考题对应着需要掌握的知识点,很多题有一定难度,结论有些是开放性的,需要读者回味思考。对于想更深入研究某一特定问题的读者,可参阅每章之后给出的相关文献;而对于感觉例子数量不足以强化对概念与方法理解的读者,则可进一步阅读其他经典教材。

在本书的写作体例上,我遵循以下规则:

- 给出了主要字母标识对照表,以及中英文关键词索引。
- 每章开始时给出了学习该章后应达到的目标。

- 对于给出严格定义的概念,一般在首次出现时用黑体(如**纳什均衡**),而无严格定义的名词或需要强调的部分则均用楷体(如*决策理论*)。

- 在定理的证明与例子的解答结束后用符号"■"表示。

- 人名一般没有翻译,一篇文献以作者的姓加上发表的时间来表示(如 Smith 和 Price(1975))。

这本书花费了与其长度不相匹配的精力,在此我需要感谢很多的人。我在美国匹兹堡大学经济系学习时的导师 Andreas Blume 教授将我引入了博弈论的殿堂,并教会我如何从事严谨的科学研究。复旦大学管理学院助理教授姚志勇、上海交通大学经济学院助理教授隋勇、上海财经大学经济学院助理教授贺欣、武汉大学经济与管理学院的熊灵博士以及北京大学汇丰商学院的王振宁硕士均阅读了本书,并提出了很好的修改意见。北京大学汇丰商学院经济学与金融学双硕士班的部分学生阅读了本书各章节,他们是陈漪、常慧丽、李红军、刘晓和饶松松。另外,吴鹏和钟帅制作了本书的前期所有图表。北京大学副校长海闻教授对本书的出版给予了大力支持,北京大学出版社的朱启兵编辑在出版过程中提供了相当专业的帮助。上海交通大学经济学院院长周林教授给本书写了评语。我对他们的宝贵意见以及无私帮助表示由衷的感谢!

感谢武汉大学经济与管理学院陈继勇教授、北京大学经济学院刘民权教授以及所有帮助我学业成长的老师。最后,感谢我的家人对我工作的一贯支持。

由于笔者水平有限,错误在所难免,希望读者批评指正。

涂志勇

北京大学汇丰商学院

2009 年 6 月 30 日

主要字母标识对照表

$\mathscr{A}_i$	博弈者 i 所有可选行动的集合
$\mathcal{C}$	可能的选择集合
$C_i(H)$	博弈者 i 在信息集 H 下所有可能选择的集合
$E(X)$	随机变量 X 的期望
$E(X\|y)$	在随机变量 Y 实现为 y 的条件下随机变量 X 的期望
$f(x)$	随机变量 X 的概率密度函数
$F(x)$	随机变量 X 的累积分布函数
f	社会选择函数
g	集体选择配置函数
$\mathbb{G}$	重复博弈下的一轮博弈
g_i	重复博弈下的一轮博弈中博弈者 i 的一个单轮纯策略
G_i	重复博弈下的一轮博弈中博弈者 i 所有单轮纯策略的集合
H	信息集
$\mathscr{H}_i$	博弈者 i 所有信息集的集合
Max	最大值
Min	最小值
$\mathcal{N}$	全体博弈者的联盟
$\mathbb{N}$	自然数集
$P(A)$	事件 A 发生的概率
$P(A\|B)$	在事件 B 发生条件下事件 A 发生的概率
Pr	某事件的概率
$\mathscr{P}(\mathcal{N})$	集合 $\mathcal{N}$ 所有子集组成的集合
$\mathbb{R}$	实数集合
$\mathbb{R}^+$	正实数集合
$\mathbb{R}^N$	N 维实数集合

符号	含义
$\mathbb{R}_+^N$	N 维正实数集合
s_i	博弈者 i 的一个纯策略
S_i	博弈者 i 所有纯策略的集合
S	所有博弈者纯策略集合的笛卡儿乘积
s	所有博弈者的一种纯策略组合
s_{-i}	除博弈者 i 外所有博弈者的一种纯策略组合
S_{-i}	除博弈者 i 外所有博弈者纯策略集合的笛卡儿乘积
$u(x)$	确定货币收益 x 下的 Bernoulli 效用函数
$U(L)$	博彩 L 下的 von Neumann-Morgenstern 效用函数
$\mathcal{U}_i(s)$	无限重复博弈下策略组合 s 带给博弈者 i 的总效用
v	合作博弈特征函数
β_i	竞标者 i 的投标函数
δ_i	博弈者 i 的时间贴现因子
Φ	合作博弈下的 Shapley 值
Γ	一个机制
μ	不完全信息动态博弈下博弈者的信念体系
φ	一个机制下所有参与者私人类型的联合概率分布
π	利润函数
Ψ^*	弱完美贝叶斯纳什均衡
σ_i	博弈者 i 的一个混合策略
σ	所有博弈者的一种混合策略组合
σ_{-i}	除博弈者 i 外所有博弈者的一种混合策略组合
$\Delta(S_i)$	博弈者 i 所有混合策略的集合
ΔS	所有博弈者混合策略集合的笛卡儿乘积
τ	部分博弈者形成的联盟
θ_i	博弈者 i 的一种私人类型
Θ_i	博弈者 i 的所有可能私人类型的集合
θ_{-i}	除博弈者 i 外所有博弈者的一种私人类型组合
Θ_{-i}	除博弈者 i 外所有博弈者私人类型集合的笛卡儿乘积
Y	一个规范式博弈
Y_E	一个扩展式博弈
$\{\chi^t\}_{t=1}^{\infty}$	χ 的一个无穷序列
$\succsim$	二元偏好关系
$*$	代表最优或均衡

目　　录

第1章　导论 ·· (1)
　　§1.1　博弈论演变 ·· (3)
　　§1.2　博弈论框架 ·· (4)

第2章　数学基础 ·· (9)
　　§2.1　集合与函数 ·· (11)
　　§2.2　最优化理论 ·· (13)
　　§2.3　概率理论 ·· (14)

第3章　决策论 ·· (19)
　　§3.1　决策论的理论框架 ·· (21)
　　§3.2　风险偏好 ·· (26)

第4章　博弈的基本框架 ·· (33)
　　§4.1　博弈的构成要素 ·· (35)
　　§4.2　博弈的表示方式 ·· (36)
　　§4.3　博弈的分类 ·· (46)

第5章　完全信息静态博弈 ·· (49)
　　§5.1　博弈解的假设 ·· (51)
　　§5.2　三类特殊的策略 ·· (53)
　　§5.3　纳什均衡 ·· (58)
　　§5.4　纳什均衡的计算 ·· (63)
　　§5.5　相关均衡 ·· (66)

第6章 完全信息动态博弈 (73)

§6.1 完全信息动态博弈下的纳什均衡 (75)
§6.2 子博弈完美纳什均衡 (78)
§6.3 完全信息动态博弈的应用 (82)
§6.4 完全信息下的重复博弈 (90)

第7章 不完全信息静态博弈 (101)

§7.1 Harsanyi 转换 (103)
§7.2 贝叶斯纳什均衡 (105)
§7.3 拍卖理论 (107)
§7.4 机制设计 (110)

第8章 不完全信息动态博弈 (125)

§8.1 Monty Hall 游戏与贝叶斯更新 (127)
§8.2 不完全信息动态博弈的均衡 (129)
§8.3 劳动力市场信号传递 (135)

第9章 均衡的精炼与选择 (145)

§9.1 均衡的精炼 (147)
§9.2 均衡的选择 (155)

附录A 合作博弈论 (161)

§A.1 合作博弈论的理论框架 (163)
§A.2 核 (164)
§A.3 Shapley 值 (165)

附录B 演进博弈论 (169)

§B.1 演进稳定策略 (171)
§B.2 复制动态 (174)

索引 (177)

第1章 导 论

利益冲突是人类社会的永恒问题,即使是在所谓的"双赢"状态下,也依然存在着谁赢多、谁赢少的矛盾。在人与人之间存在着利益冲突时,当事人所进行的行为选择,我们称为"博弈"。而博弈论正是运用现代的数学模型来研究博弈行为的理论。在本章中,我们将简要介绍博弈论的历史发展及其主要内容。通过本章的学习,读者应:

- 了解博弈论的主要创建者及其贡献,以及博弈论各分支演变的大致脉络。
- 了解本书的基本结构,特别是非合作博弈理论将要涉及的主要内容。

§1.1 博弈论演变

在人类历史上，很早就出现了蕴涵博弈思想的故事，比如中国的"田忌赛马"。而带有博弈性质的数学模型则主要出现在近代，比如 Cournot(1838) 的产量竞争模型，Bertrand(1883) 的价格竞争模型，以及 Edgeworth(1881) 的契约曲线等。真正将博弈规范化为一般理论的是 von Neumann 和 Morgenstern(1944)。他们定义了博弈论的基本数学概念与分析工具，并提出了以研究博弈者联盟(Coalition)问题为核心的合作博弈解的思想。在 von Neumann 和 Morgenstern(1944) 的基础之上，当时普林斯顿大学数学系的两个博士生 Shapley 和 Nash 分别将博弈论研究推向不同的方向。Shapley(1952) 将核(Core)发展为合作博弈的一般解，即它是一种所有成员均无法提升自身效用的稳定联盟状态。由于核这个概念不能给出联盟内成员效用分配的唯一预测，Shapley(1953) 进一步在合作博弈框架中加入了一些着眼于"公平"分配合作利益的公理。他证明在这些公理的约束下，存在唯一的效用分配方案，这就是 Shapley 值(Shapley Value)。与 Shapley 不同，Nash 的研究跳出了合作博弈的思维框架，他不再以联盟，而是以个人(Individual)作为利益分析的出发点。[①] 相对于合作博弈框架，这样做的优点有：1. 可以解释为什么人们要合作以及具体如何合作(这在合作博弈下一般是以前提方式出现的)；2. 能够适用的现实场景大大超过合作框架；3. 可以在很大程度上解决均衡(即博弈稳定状态)的存在性以及唯一性问题。Nash(1950,1951) 提出了非合作博弈的解，即纳什均衡(Nash Equilibrium)的概念。本书主体部分阐述的将是非合作博弈内容，两个附录则分别对合作博弈论与演进博弈论做了一个简短介绍。其中，演进博弈论是 20 世纪 70 年代以 Maynard Smith 为代表的理论生物学家最先发展起来的。他们运用经济学中的博弈论框架来分析生物界的相互依存与斗争，从而将达尔文自然选择带来生物演进的思想规范化，其代表性的均衡解是 Smith 和 Price(1973) 提出的演进稳定策略(Evolutionarily Stable Strategy)。

当前经济分析中使用得最多的仍是非合作博弈的理论框架，而纳什均衡这一概念对于较为复杂的博弈却有一定局限性。比如有的博弈中人们需多次行动，而有的博弈中又存在着私人信息(博弈者自身类型的信息只有自己知道而对手并不知道)，这时纳什均衡

[①] 一个常见误解是：合作博弈就是支持合作行为，而非合作博弈则提倡对抗。事实上，两种博弈框架的差异只是在于建模方式的不同，即前者从集体效用出发，后者从个人效用出发来决定博弈者选择。如果合作对个人有利，非合作博弈也是支持合作行为的。相反，若合作对个人不利，即使合作博弈(如核)也无法支持合作行为。

就不能完全体现出博弈者的理性推断。① Selton(1965)对纳什均衡在动态博弈中进行了精炼,提出了子博弈完美纳什均衡(Subgame Perfect Nash Equilibrium)。而 Harsanyi(1967—1968)则将纳什均衡扩展到不完全信息(私人信息)条件,引入了贝叶斯纳什均衡(Bayesian Nash Equilbrium)的概念。1994年的诺贝尔经济学奖因 Nash,Harsanyi 和 Selton 在非合作博弈领域的贡献而授予他们三人。1996年,诺贝尔经济学奖又授予 Mirrlees 和 Vickrey,以表彰他们对不完全信息下的激励理论的研究。2001年,Akerlof,Spence 和 Stiglitz 因其对不完全信息市场的研究而共享诺奖。2005年,诺贝尔经济学奖授予博弈论学者 Schelling 和 Aumann,以表彰他们通过博弈分析,促进了人类对合作与冲突的理解。② 2007年的诺贝尔经济学奖再次眷顾博弈论研究者。Hurwicz,Maskin 和 Myerson 三人因在博弈论的一个重要应用分支——机制设计方面的贡献而共享诺奖。如今,博弈论已经成为现代经济学、政治学(如选举)以及社会学(如群体行为与规范)等各类学科研究中基础性的分析工具。

§1.2 博弈论框架

在我们开始博弈论的学习之前,先将本书的结构与内容做一个大致介绍。对于以下所涉及的专有名词,以后各章中均会有详细的叙述。

阐述博弈论的是数学语言,博弈模型的分析是在假设、定义以及定理的框架下进行的。为了让读者熟悉博弈论中常用的数学概念与工具,我们将在第2章介绍集合论、最优化以及概率论这三大块内容。它们分别在定义博弈要素、求解最优行为,以及描述不确定信息等方面有着重要作用。

在第3章中,我们提出了理性人进行选择的决策框架。它告诉人们在面对各种确定或不确定情况时,作出选择的依据是什么,即最优的选择总应使自身效用或预期的效用最大化。决策论是引入博弈论的必要准备,因为博弈是在相互依存条件下的决策;而决

---

① 类型(Type)在博弈模型中一般设定为影响博弈者效用的变量。比如完成同样数量的工作,生产率高的人与生产率低的人所得效用(报酬减去投入)显然不同,于是生产率的高低就称做博弈者的类型。我们一般这样来体现信息的私人性,即假设博弈者类型是一个随机变量,只有博弈者自己知道该变量的实现值,其对手只知道变量的概率分布。

② Schelling 以非数理的方式,将博弈论的分析框架广泛运用到了军备竞赛、温室效应等经济学之外的各类领域。而 Aumann 则对博弈论的一些基础性概念(比如共同认识)进行了规范,提出了相关均衡解的新概念,另外对重复博弈也有开拓性研究。

策则是在对手策略既定条件下的博弈,是博弈的一种特殊情况。

接下来的章节将依次展开对博弈论主体内容的介绍。第4章构建了研究博弈的基本框架,包括博弈的构成要素、表示方法及其分类等。一个博弈由博弈参与者、博弈规则、博弈结局以及博弈效用组成。我们可以用一种树形图的方式,对博弈各阶段的选择与最终效用进行描述,这称做博弈的扩展式。根据扩展式,我们可以描述博弈者在所有可能情况下的行动选择,这就是策略。如果明确给出所有策略组合下的各方效用,那么这就是用规范式来表示一个博弈。根据博弈中是否存在不完全信息以及是否允许博弈者行动多次这两个标准,可以将博弈分为四大类,即完全信息静态博弈、完全信息动态博弈、不完全信息静态博弈和不完全信息动态博弈。各类博弈都有着适用于自身的均衡解的概念。

第5章所介绍的完全信息静态博弈,是各方均不存在私人信息且需同时行动一次的博弈。它是最基本的博弈形式,而纳什均衡正是此类博弈下对博弈者行为的预测。我们所说的均衡,是博弈中的一种稳定状态。在均衡下,任何一方都不会选择单方面的偏离,因为那将使自身效用下降,这意味着所有人的策略都需是对对手策略的最优回应。当博弈者是完全理性且对均衡策略形成共识时,纳什均衡将是对博弈者行为的正确预测。另外,Nash(1950)还证明:如果一个博弈中的参与人个数以及每个人的策略个数都是有限的,那么该博弈总存在纳什均衡。这在很大程度上保证了纳什均衡的普遍适用性。

第6章研究的是无私人信息的博弈者需行动多次的完全信息动态博弈。这时,博弈者在博弈各阶段进行选择时,就需要考虑当时的选择将如何影响他后续会进入的博弈(我们称做子博弈)。如果在每一个可能达到的子博弈下,人们的策略都构成纳什均衡,那么我们称这种均衡为子博弈完美纳什均衡,它是对纳什均衡的一种精炼。在动态博弈中,理性行为人应从最后一轮的子博弈结局,倒推出上一轮的最优选择;进而又以上一轮为起点,推出再上一轮的最佳选择……这种思考方法称做逆向归纳法。对于有限期的动态博弈,运用逆向归纳法可以找出子博弈完美纳什均衡。但对于无限期行动的动态博弈,因没有最后一轮,逆向归纳法失效,目前尚没有一般性的方法来获得子博弈完美均衡。有一类特殊的无限动态博弈,它无限期地重复一个完全相同的博弈,而人们的最终效用是每轮博弈效用的贴现值之和,我们称它为重复博弈。在重复博弈下,人们可以通过惩罚那些偏离均衡行为方式的行动,来获得子博弈完美纳什均衡。这些均衡往往能够支撑一些单轮博弈所无法支持的行为,比如在一轮博弈中对抗可能是最优选择,而在重复博弈下,合作则有可能被实现。

如果在第5章的完全信息静态博弈中加入博弈者的私人信息,就构成了第7章所要介绍的不完全信息静态博弈。在这类博弈中,一个策略需要确定博弈者的每一私人类型的选择,即策略是从私人类型映射到行动选择的函数。通过假定博弈者对各方的策略函数均能形成共识这一方法,Harsanyi(1967—1968)将博弈者不确定对手的私人类型转化成不确定对手的行动选择。这样,第5章完全信息静态博弈的框架仍可适用,博弈者的最优选择就是能使自己期望效用最大化的行动,由此形成的均衡叫贝叶斯纳什均衡。拍卖是一种不完全信息博弈,因为人们只知道自身对拍卖标的的价值,而并不知道对手对标的价值的评估。现实中存在多种拍卖方式,比如一价密封拍卖、英国式拍卖等。每一种拍卖方式都是一种既定的买卖规则,竞标者参与其中,通过选择标价来使自身效用最大化。卖家总想设计出能使拍卖收入最大化的拍卖方式,这是一个机制设计问题。所谓机制设计,是指合理地选择一个博弈的规则,使得博弈参与者相互竞争所达到的均衡正好是机制设计者所期望看到的结局。要实现设计者的目标,最大的障碍在于参与者拥有的私人信息并不为设计者所知。因此,一个机制只有设计出合适的激励方案,才能保证参与者真实披露自己的信息,这样的机制我们称做激励相容机制。

在第8章,我们将研究不完全信息动态博弈,它由第6章介绍的完全信息动态博弈加入私人信息成分而构成,是四类博弈中最复杂的。对其分析的难点在于博弈者观察到对手的每次行动后,都需要运用贝叶斯法则来更新对对手私人信息分布的判断,而这种新的判断又会影响到博弈者下一轮的行动选择。因此,不完全信息动态博弈下的均衡不仅要求博弈者的策略构成相互最优回应,而且还需配以符合贝叶斯法则的信念。劳动力市场信号传递博弈即是其一个经典应用。

第9章将处理博弈中出现的多均衡现象。Nash(1950)只证明了均衡的存在性,唯一性则不能保证。当一个博弈存在着多个均衡时,就难以对博弈者行为作出准确预测。我们需要剔除一些不合理均衡,其方法一般分为精炼与选择两大类。精炼是在博弈者进行行为选择时增加更多的理性推断,从而使均衡概念更为精细化,使得某些均衡比起另一些显得"更理性"。比如,纳什均衡只要求在均衡的博弈场景下,策略构成相互最优回应即可。但子博弈完美纳什均衡则进一步要求所有博弈场景下(不仅仅是均衡场景),策略都是相互最优。这意味着博弈者还需要考虑均衡之外场景下的选择(更多理性推断)。所以,纳什均衡包含了子博弈完美纳什均衡,而后者则是对前者的精炼。所谓均衡的选择指的是:在既定博弈环境下,人为增加额外考虑成分(与理性推断无关),从而减少合乎规定的均衡数量。比如直接规定在某一特定社会环境下,某均衡(如行人向前行时均靠右)是众望所归的。①

---

① 考虑一群人共同使用一条道路的博弈。每个人均有两个选择,即前行靠左和前行靠右。这时,所有人都选择前行靠左或前行靠右都是一种稳定状态,因为均能避免相撞。这时到底哪一种均衡会在现实中出现将取决于历史或习俗。

最后在两个附录中,我们分别概括了合作博弈与演进博弈的核心思想与概念。附录A中的合作博弈抽象掉了每个博弈者的行动及次序,直接从博弈者联盟的角度,考查博弈者本身合作(组合)所带来的效用。对于合作效用如何在成员间进行分配,则分别有核与Shapley值两种方法。核是在全体联盟下的一种稳定分配状态,在此状态之下,博弈者之间再形成任何子联盟都不可能给成员带来帕累托改进。而Shapley值则是根据博弈者对联盟总收益的贡献度,来划分成员个人所得的一种效用分配方案。在某类规范的合作博弈下,这种划分将是唯一的。

以上介绍的博弈论内容均假设博弈者完全理性,而附录B中的演进博弈则假设人们有限理性。它假设博弈者(某物种)并不策略性地选择行为,而总是执行某种外生给定的策略,然后再看此策略是否能经受得起其他(变异)策略的入侵。如果执行给定策略比执行变异策略更能提高博弈者效用(生物适应性),那么它就是一个演进稳定的策略。演进稳定策略一定是纳什均衡,反之则不然,因此我们常用其作为纳什均衡的一种精炼。

参 考 文 献

Cournot, A. A. (1838), *Recherches sur les Principes Mathematiquesde la Theorie des Richesses*. Paris: Hachette. (English Translation: *Researches into the Mathematical Principles of the Theory of Wealth*. New York: Macmillan, 1897. (Reprinted New York: Augustus M. Kelley, 1971)).

Bertrand, J. (1883), "Theorie Mathematique de la Richesse Sociale", *Joural des Savants* 67: 499—508.

Edgeworth, F. Y. (1881), *Mathematical Psychics: An Essay on the Application of Mathematics to the Moral Sciences*, London: Kegan Paul. (Reprinted New York: Augustus M. Kelley, 1967).

Harsanyi, J. C. (1967—1968), "Games with Incomplete Information Played by 'Bayesian' Players, Parts Ⅰ, Ⅱ and Ⅲ", *Management Science* 14: 159—182, 320—334 and 486—502.

Nash, J. F. (1950), "Equilibrium Points in N-Person Games", *Proceedings of the National Academy of Sciences of the United States of America* 36: 48—49.

Nash, J. F. (1951), "Non-Cooperative Games", *Annals of Mathematics* 54: 286—295.

Quine, W. V. O. (1941), *Elementary Logic*, Ginn and Company.

Selten, R. (1965), "Spieltheoretische Behandlung eines Oligopolmodells mit Nachfragetragheit",

Zeitschrift fur die gesamte Staatswissenschaft 121: 301—324 and 667—689.

Schelling, T. C. (1960), *The Strategy of Conflict*, Cambridge, Mass.: Harvard University Press.

Shapley, L. S. (1952), "Rand Corporation Research Memorandum, Notes on the N-Person Game III: Some Variants of the von-Neumann-Morgenstern Definition of Solution", RM-817.

Shapley, L. S. (1953), "A Value for N-Person Games", pp. 307—317 in *Contributions to the Theory of Games*, *Volume II* (*Annals of Mathematics Studies*, 28) (H. W. Kuhn and A. W. Tucker, eds.), Princeton: Princeton University Press.

von Neumann, J., and O. Morgenstern (1944), *Theory of Games and Economic Behavior*, Princeton: Princeton University Press.

第 2 章 数学基础

博弈论运用的是数学语言,其基本工具的描述都是在假设、定义和定理的框架下进行,因此我们有必要先对相关的数学知识作一简单梳理。博弈论涉及的数学工具大致可以分为三大类:集合论、最优化与概率论。下面我们对它们逐一介绍,重点是基本的数学概念及其应用的价值。通过本章的学习,读者应:

- 熟悉以后各章通用的数学符号。
- 理解集合与函数的概念及其对经济研究的基础性作用。
- 能够运用 Kuhn-Tucker 条件求解最优化问题。
- 明了概率体系的构建方式以及描述随机变量的主要指标。

§2.1 集合与函数

本节介绍两个基础性的数学概念：**集合**（Set）与**函数**（Function）。集合是指一些具有共同特征的事物组成的一个整体。这些事物称为该集合的元素。我们用符号 $\in$ 来表示某个元素 x 归属于某个集合 B，即 $x \in B$。

集合在数学中属于最基本的概念，集合论研究的是元素、集合之间的相互关系，它为定义数学中的其他概念提供了语言，为发展数学中的其他工具提供了理论基础。经济学理论归根到底是关于人们如何进行选择的理论，是从所有可能的选择集合中找出最合意元素的理论。所以，集合论是经济研究不可或缺的工具。

除了元素之外，集合论描述集合间关系的基本概念包括：**子集**、**交集**、**并集**、**全集**、**空集**与**补集**等。集合 A 是 B 的子集意味着 A 是 B 的一部分，即如果 $x \in A$，那么 $x \in B$，我们用 $A \subset B$ 表示。集合 A 与 B 的交集表示为 $A \cap B$，它囊括所有同时归属这两个集合的元素，即 $A \cap B = \{x | x \in A \text{ 且 } x \in B\}$。集合 A 与 B 的并集是 $A \cup B$，它包括所有归属这两个集合中任何一个的元素，$A \cup B = \{x | x \in A \text{ 或 } x \in B\}$。包括所有需要研究的元素的集合称为全集 Ω，不包括任何元素的集合则称为空集 $\varnothing$。从全集 Ω 中减去集合 A 的所有元素而得到的集合称为 A 的补集 A^c，$A^c = \{x | x \in \Omega, \text{ 但 } x \notin A\}$。而集合 A 在集合 B 中的相对补集 $B \backslash A$，则是指从集合 B 中减去集合 A 的元素所得到的集合，即 $B \backslash A = \{x | x \in B, \text{ 但 } x \notin A\}$。

一些常用的集合有实数集 $\mathbb{R}$、正实数集 $\mathbb{R}^+$、整数集 $\mathbb{Z}$ 和自然数集 $\mathbb{N}$ 等。N 个集合 $A_1, A_2, \cdots, A_N$ 的笛卡儿乘积是 $A_1 \times A_2 \times \cdots \times A_N$。这个乘积本身构成一个集合，此集合中的每个元素，由分别来自于这 N 个集合的元素组成，即 $(a_1, a_2, \cdots, a_N)$，其中 $a_i \in A_i, i = 1, 2, \cdots, N$。我们用 $\mathbb{R}^N$ 来表示 N 维实数集合，即 N 个实数集 $\mathbb{R}$ 的笛卡儿乘积。在这个集合中，N 个实数同时定义一个元素，在经济应用中一般意味着这个元素同时具备 N 种属性。相应的，$\mathbb{R}^N_+$ 则表示 N 个正实数集 $\mathbb{R}^+$ 的笛卡儿乘积。本书中大部分工具的应用均在 $\mathbb{R}^N$ 空间中展开。

有一些概念是对集合的边界与形状的描述，它们分别是：**开**（Open）、**闭**（Closed）、**有界**（Bounded）、**紧**（Compact），以及**凸**（Convex）等。这里以 $\mathbb{R}^N$ 中的集合为例，对它们进行简单介绍。我们说集合 $A \subset \mathbb{R}^N$ 是开的，如果对于 A 中的任意元素 x，总存在一个环绕它且半径为 ε 的集合 B，且 $B \subset A$。其中，ε 球 $B = \{x' \in \mathbb{R}^N \mid \|x' - x\| < \varepsilon, \varepsilon > 0\}$，即它包含 $\mathbb{R}^N$ 中所有与 x 的空间距离小于 ε 的元素。图 2.1(a) 中的集合 A 就是开的，它不包括边界点。相应的，如果集合 A 是开的，那么它的补集 $\mathbb{R}^N \backslash A$ 就是闭的。另外，若集合 A 能被一个有限直径

的球包纳,即对所有 $x \in A$,总存在 $r \in \mathbb{R}$,使得 $\|x\| < r$,那么集合 A 就是有界的。显然,图 2.1(a)和(b)中的集合 A 与 A' 都是有界的。一个有界的闭集则称做紧集。最后,我们称集合 A 为凸集,如果该集合中任意两个元素的线性组合也属于此集合,即 $x, x' \in A, \alpha \in [0, 1]$,那么 $\alpha x + (1-\alpha)x' \in A$。图 2.1(b)中的集合 A' 就不是凸集,因为它包括的元素 α 与 β 的线性组合 γ 并不在此集合中。集合的紧、凸等特性,对于下节将介绍的最优化问题解的存在性与唯一性均十分重要。

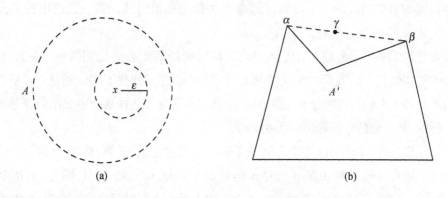

图 2.1 二维实数空间上的集合

函数是将一个集合中的元素与另外一个集合中的元素对应起来的一种法则。这种法则反映了两个集合中元素相互影响的规律。而经济研究就是要揭示一个经济变量如何导致另一个经济变量变化的规律,因此函数的应用无处不在。我们通常用 $f: D \rightarrow Y$ 来表示集合 D 与 Y 之间的一种函数关系,集合 D 称为函数 f 的定义域,集合 Y 称为其值域。f 以一种确定的方式将定义域中的任意一个元素与值域中的唯一一个元素相对应。常见的柯布-道格拉斯生产函数 $Q = AK^\alpha L^\beta$ (A, α, β 为常数)就是一个 $f: \mathbb{R}^2 \rightarrow \mathbb{R}$ 的关系。**连续性**(**Continuity**)描述了函数的一个重要特征,它要求定义域中所有收敛于 x 的序列 $x' \rightarrow x$,其对应的函数值也收敛于 $f(x)$,即 $f(x') \rightarrow f(x)$,这意味着在定义域中的任意一点 x 上,函数取值并不表现出跳跃。柯布-道格拉斯函数就是一个连续的函数。

在经济分析中,我们不仅需要研究元素之间的关系,有时也要讨论元素与集合间的关系。于是,将函数关系推广,就得到**对应关系**(**Correspondence**)。对应关系是以某种方式将定义域中一个元素与值域中的一个集合相联系的法则。比如对应关系 $\psi: A \rightarrow \mathbf{Z}$,其中 $A = \{1, 2\}$ 且 $\psi(1) = $ 奇数,$\psi(2) = $ 偶数,就是一个将实数 1、2 和奇、偶数集合联系起来的法则。连续性特征如要扩展到对应关系则需定义**上半连续**(**Upper Hemicontinuous**)和**下半连续**(**Lower Hemicontinuous**)。在本书中,此概念只在纳什均衡存在性的证明中出现过一次,我们将在第 5 章给出严格定义。一个对应关系只有既是上半连续,又是下半连续时,我们才称它是连续的。

§2.2 最优化理论

人们进行选择时,总是希望所选择的行为能够最好地满足某种需要,以数学方式将这种思想规范化就是最优化。首先,我们定义一个目标函数,用它来反映给定的需要。然后,确定一个集合,这个集合包括了人们就某一给定问题所有可能的选择。最后,从这个集合里找出使得目标函数值最大的元素。这个元素就是目标函数的最优解,也是满足给定需要的最优行为。经济学建立模型的过程本质上就是从现实生活中抽象出有意义的最优化问题的过程。最优化一般可分为无约束的最优化和约束条件下的最优化。人们在作出选择时,经常会遇到各种约束,比如预算约束、规模约束等,这些约束条件都会使人们可选择的集合缩小。对同样一个问题,当面临的约束增加时,目标函数所能达到的最大值一般将会下降。

如果某元素能在自身取值附近的区域内使目标函数最大化,我们称其为**极值**;而在可选择元素的整体集合之内,能最大实现目标函数的元素则称为**最值**。

最优化包括动态与静态最优化,我们在本节中给出静态最优化的基本方法。

考虑一个定义域为 N 维实数,同时需在 J 个等式与 K 个不等式的约束下使目标函数 $f(x)$ 最大化的静态最优化问题,$J, K \in \mathbf{N}$:

$$\begin{aligned}
& \underset{x \in \mathbf{R}^N}{\operatorname{Max}} f(x) \\
\text{s.t.} \quad & g_1(x) = a_1 \\
& \quad \vdots \\
& g_J(x) = a_J \\
& h_1(x) \leq b_1 \\
& \quad \vdots \\
& h_K(x) \leq b_K
\end{aligned}$$

以下的 Kuhn-Tucker 条件给出了该问题极值所需满足的必要条件。[①]

---

① 对 Kuhn-Tucker 条件的证明以及它在经济学中的应用可参见 Sundaram(1996)。

定理 2.2.1 给定一个可导的目标函数 $f:\mathbb{R}^N \to \mathbb{R}$,且它存在 J 个等式约束 $g_j(x) = a_j, j = 1,2,\cdots,J$,与 K 个不等式约束 $h_k(x) \leq b_k, k = 1,2,\cdots,K$。如果 $\bar{x} \in \mathbb{R}^N$ 是该目标函数的极值,那么 $\bar{x}$ 应满足以下条件:定义 μ_j 与 λ_k 分别为 J 个等式和 K 个不等式约束的乘数,$\lambda_k \geq 0$,于是

(1) 对于向量 x 的任一分量 x_n, $\dfrac{\partial f(\bar{x})}{\partial x_n} = \sum_{j=i}^{J} \mu_j \dfrac{\partial g_j(\bar{x})}{\partial x_n} + \sum_{k=1}^{K} \lambda_k \dfrac{\partial h_k(\bar{x})}{\partial x_n}, n = 1,2,\cdots,N$。

(2) 对于每一个不等式乘数 λ_k, $\lambda_k(h_k(\bar{x}) - b_k) = 0, k = 1,2,\cdots,K$。

根据 Kuhn-Tucker 条件找出的极值不一定是以上最优化问题的最值,求最值还应考虑 x 所处集合的边界点。下面的定理(Weierstrass)给出了最值存在的充分条件。①

定理 2.2.2 如果集合 $A \in \mathbb{R}^N$ 是一个非空紧集,$f(x)$ 是集合 A 上的连续函数,那么 $f(x)$ 在集合 A 上至少有一个最值。

§2.3 概率理论

概率(Probability)是对不确定事件进行描述的数学概念。当人们不能确定一个事件结果时,需要事前对各种结果的可能性进行评估,从而综合决定行动方案。对这些可能性的判断就是概率。数学上,我们称一个不确定的事件为**随机事件**(Random Event),而导致随机事件发生的行为则称为**实验**(Experiment),比如抛出一个硬币就是一次实验,而出现正面或反面就是随机事件。

我们用 Ω 这个集合来表示一次实验可能带来的所有结果。这些结果元素都各不相同且不可再分,所有结果元素的加总就等于集合 Ω。在抛硬币实验中,$\Omega = \{$正面,反面$\}$,其结果元素只有两个,而在掷骰子实验中,$\Omega = \{1,2,3,4,5,6\}$,结果元素则有六个。我们需要对这些不可再分的结果元素都给定一个概率,而它们的和等于 1。这将构成概率体系的起点。至于这些结果元素的概率从何而来,有主观和客观两种观点。人们可以主观地对各个结果元素给定他们自认为合理的概率,只要它们的和等于 1 就行。人们也可以从实践中发现各结果元素客观稳定的频率,以此作为其概率。

---

① 更多有关最值存在性的定理及其证明见 Horst et al.(2000)。

一个随机事件 A 可以包含一个或多个结果元素。随机事件 A 概率的古典定义是：导致事件 A 的结果元素数目除以所有结果元素的总数目。这个定义的隐藏假设是各结果元素发生的概率都应相等。这在抛硬币、掷骰子或在黑箱里抓球等传统实验中是合理的，但应用到一些复杂情况就会出问题。比如抛一个在正面黏了块铅的硬币，古典定义会得出正面概率 1/2 的结论，这显然与事实冲突。

因此，更一般的方法是用集合理论来定义事件 A 的概率 $P(A)$。根据每个结果元素出现的概率可以推断事件 A 发生的概率，即 $P(A) = p(x_1) + p(x_2) + \cdots + p(x_I)$，其中 $p(x_i)$ 是事件 A 所包括的第 i 个结果元素 x_i 的概率，$i = 1, 2, \cdots, I$。以此构建为基础，我们就可以用集合理论来推导出各种事件的概率了。用 $P(A|B)$ 来表示当事件 B 发生之后，事件 A 发生的概率，我们称其为 A 的**条件概率**（Conditional Probability），条件概率的定义是：$P(A|B) = \dfrac{P(A \cap B)}{P(B)}, P(B) > 0$。一般而言，事件 B 的发生总会带来一些新的信息，进而改变人们原来对事件 A 发生可能性的看法。**贝叶斯法则**告诉我们如何利用观测到的新数据来更新对某事件概率的判断，其法则为：$P(A|B) = \dfrac{P(B|A)P(A)}{P(B)}$。当事件 A, B 各自发生但并不影响对方概率时，我们称它们是**独立事件**（Independent Events），即若 $P(A \cap B) = P(A)P(B)$，则事件 A, B 相互独立。对于正概率的两个独立事件 A 和 B，其中一个的发生并不改变另一事件发生的可能。结合条件概率的定义，事件 A, B 独立也等同于 $P(A|B) = P(A)$ 且 $P(B|A) = P(B)$。

对于一个随机事件 A，我们往往需要对它作出完整描绘。这首先须确定它的各结果元素的概率。我们可以将每个结果元素进行抽象，给定一个实数与之对应。这样，我们就把一个随机事件 A 转化成了随机变量 X。如果随机变量的取值是离散的，即有限个或可列无限个，我们可以给出一个函数 $p(\cdot)$ 来描述每个取值实现的可能性。这个函数使每个值对应一个概率，同时所有概率的和等于 1，即 $\sum_{i=1}^{I} p(x_i) = 1$ 且 $p(x_i) \geq 0$，其中 $x_1, \cdots, x_I$ 是 X 的所有 I 个取值。函数 $p(\cdot)$ 称做 X 的**概率质量函数**（Probability Mass Function）。如果随机变量 X 的值域是连续的，那么它实现于每一个值的概率都是 0，这时我们只能描述 X 实现于给定区间内的概率。描述区间概率的函数 $f(\cdot)$ 称为**概率密度函数**（Probability Density Function）。对于连续型随机变量 $X, f(\cdot)$ 需满足 $\int_{-\infty}^{+\infty} f(t) \mathrm{d}t = 1$ 且 $f(\cdot) \geq 0$。这样，$P(x \in \mathcal{A}) = \int_{\mathcal{A}} f(t) \mathrm{d}t$，$\mathcal{A}$ 是 x 取值的集合。根据 $p(\cdot)$ 和 $f(\cdot)$，我们可以得到**累积分布函数**（Cumulative Distribution Function），它反映随机变量 X 小于其值域内任意给定值 x 的概率。在离散情况下，累积分布函数 $P(X \leq x) = \sum_{t \leq x} p(t)$；在连续情况下，累积分布函数用 $F(x)$ 表示，$F(x) = \int_{-\infty}^{x} f(t) dt$。

人们往往需要在知道随机事件的结果之前进行决策，比如在掷骰子之前下注。这时我们无法对事件结果作出准确的判断，只能评估可能出现的平均结果。对平均结果的度量就是随机变量的**期望**(Expectation)$E(\cdot)$。对于离散型随机变量，其期望 $E(X) = \sum_{i=1}^{I} p(x_i) x_i$。对于连续型随机变量 X，其期望 $E(X) = \int_{-\infty}^{+\infty} x f(x) dx$。另外，为了衡量随机变量的实现偏离其均值的平均程度，我们引入**方差**(Variance)的概念，即 $\text{Var}(X) = E(X - E(X))^2$。

有时我们需要研究多个随机变量，比如 X 与 Y，共同变化的情况。完整描述多个随机变量不能只单独给出每一变量的分布函数，这将遗漏变量间相互关联的信息。对于离散型变量，我们要描述 (X,Y) 组合出现的概率，就需要引入**联合概率质量函数**(Joint Probability Mass Function) $p(x,y)$，$p(x,y)$ 给每一种可能出现的 (X,Y) 组合赋予一个概率，同时这些概率加总为 1。而对于连续型随机变量，我们只能描述组合 (X,Y) 出现于某个区间内的概率，这就是**联合概率密度函数**(Joint Probability Density Function) $f(x,y)$，$\int_{-\infty}^{+\infty} \int_{-\infty}^{+\infty} f(x,y) dx dy = 1$ 且 $f(x,y) \geq 0$。那么，$P[(x,y) \in \mathcal{A} \times \mathcal{B}] = \int_{\mathcal{A},\mathcal{B}} f(x,y) dx dy$，$\mathcal{A}, \mathcal{B}$ 分别是 x, y 取值的集合。这样，联合概率质量或密度函数就给出了多个随机变量所有取值组合可能性的完整描述。与单变量类似，我们可以相应定义**联合累积分布函数**(Joint Cumulative Distribution Function)，对离散型变量，它是 $P(X \leq x, Y \leq y) = \sum_{r \leq x, t \leq y} p(r,t)$；而对连续型变量，它则为 $F(x,y) = \int_{r \leq x, t \leq y} f(r,t) dr dt$。

当我们仅关注多个变量中特定一个的性质时，就可以将其他变量的信息忽略掉。方法是对联合概率质量(或密度)函数就其他变量进行加总(或积分)，即可得到**边缘概率质量函数**(Marginal Probability Mass Function)和**边缘概率密度函数**(Marginal Probability Density Function)。以两变量为例，$p(x) = \sum_{y} p(x,y)$ 和 $f(x) = \int_{-\infty}^{+\infty} f(x,y) dy$ 分别是随机变量 X 的边缘概率质量及密度函数，它们仅描述 X 取不同值或落入不同区间的概率。

如果多个随机变量相互关联，部分变量的实现往往会改变人们对其他变量取值可能性的判断。对离散型变量，$p(x|y)$ 称做 X 的**条件概率质量函数**(Conditional Probability Mass Function)。它反映当变量 Y 实现为 y 时，变量 X 取值 x 的可能性。利用贝叶斯法则，$p(x|y) = \frac{p(X=x, Y=y)}{p(Y=y)} = \frac{p(x,y)}{p(y)}$。同样，对于连续型随机变量，$f(x|y)$ 称为 X 的**条件概率密度函数**(Conditional Probability Density Function)，即 $f(x|y) = \frac{f(x,y)}{f(y)}$。边缘

概率质量或密度函数以及条件概率质量或密度函数,都可以定义相应的期望与方差,这里不再赘述。

思 考 题

1. A, B 是任意两个集合,运用定义证明以下等式:
(1) $A \setminus B = A \setminus (A \cap B)$
(2) $A = (A \setminus B) \cup (A \cap B)$
(3) $(A \cup B) \setminus (A \cap B) = (A \setminus B) \cup (B \setminus A)$

2. 定义于实数区间 (a, b) 上的函数 $f(\cdot)$ 称为凸函数,如果对任意 $x, y \in (a, b)$ 以及 $\lambda \in (0, 1)$,有: $f(\lambda x + (1 - \lambda) y) \leqslant \lambda f(x) + (1 - \lambda) f(y)$。若 $f(\cdot)$ 为凸,那么 $-f(\cdot)$ 就为凹。

(1) 检验生产函数 $Y = AK^{\alpha} (A > 0)$ 在 $K > 0$ 时的凸凹性。
(2) 证明所有的凸函数都是连续的。

3. 求解以下有不等式约束的非线性最优化问题:

$$\underset{x_1, x_2}{\text{Min}} \; x_1^2 + 6 x_1 x_2 - 4 x_1 - 2 x_2$$

$$\text{s. t.} \quad x_1^2 + 2 x_2 - 1 \leqslant 0$$

$$x_2 - x_1 - \frac{1}{2} \geqslant 0$$

4. 假设事件 A 发生的概率是 0.6,事件 A 与事件 B 同时发生的概率是 0.1,而事件 A 与 B 都不发生的概率为 0.15,求:

(1) 事件 A 发生但 B 不发生的概率。
(2) 事件 A 或事件 B 发生的概率。

5. 随机变量 X 具有以下概率密度函数:

$$f(x) = \begin{cases} 1 + x, & \text{当} -1 \leqslant x < 0 \\ 1 - x, & \text{当} 0 \leqslant x < 1 \\ 0, & \text{其他} \end{cases}$$

求 $\text{Var}(X)$。

6. 将两个骰子各掷一次,记下它们点数 (X_1, X_2)。定义 $U = \text{Max}\{X_1, X_2\}$,

$V = \text{Min}\{X_1, X_2\}$。

(1) 求随机变量 U 在 $V=v, v \in \{1,2,\cdots,6\}$ 情况下的条件概率分布函数。

(2) 求随机变量 V 在 $U=u, u \in \{1,2,\cdots,6\}$ 情况下的条件概率分布函数。

参 考 文 献

Casella, G., and R. L. Berger (2002), *Statistical Inference*, Second Edition, Pacific Grove, California: Duxbury Press.

Horst, R., P. M. Pardalors, and N. V. Thoai (2000), *Introduction to Global Optimization*, Second Edition, Kluwer Academic Press.

Hrbacek, K., and T. Jech (1999), *Introduction to Set Theory*, New York: Marcel Dekker, Inc.

Royden, H. L. (1968), *Real Analysis*, New York, NY: Macmillan Publishing Company.

Simon, C. P., and L. Blume (1994), *Mathematics for Economists*, W. W. Norton & Company.

Sundaram, R. K. (1996), *A First Course in Optimization Theory*, Cambridge University Press.

第 3 章 决策论

在正式进入博弈论(Game Theory)之前,我们有必要先对决策论(Decision Theory)进行介绍。在决策论中,决策者面对的是一个确定的备选行为集合,以及明确的行为后果。他需要从所有可能的行为中选出一个,以最好地实现决策者目标。比如在传统的田忌赛马故事中,齐王出马的次序是上等马、中等马和次等马,这时田忌面临的就是一个简单的决策问题。齐王的出马顺序是给定的,他不会针对田忌的计划作出任何相应调整。因此,田忌的最优出马次序显然是次等马、上等马和中等马。如果我们修改这个故事,假设齐王能够清楚预见田忌的对策,他显然不再会机械地按他以前的次序出马了。这时,他的出马次序将取决于田忌出马的顺序,如此他们就进入了相互博弈的状态。在博弈的环境下,人们的最优决策是相互依存的,每个人的行动选择取决于他认为其对手会采取的行动。因此,决策论是博弈论的一种特殊情况,是策略性行动者只有一人的场景。传统田忌赛马就是一个决策论问题,而修改后的田忌赛马则是一个博弈论问题。显然,构架决策论是我们进入博弈论的必要准备。通过本章的学习,读者应:

- 清楚在确定条件下效用函数是如何反映决策者偏好的。
- 理解 von Neumann-Morgenstern 期望效用函数如何反映决策者对于不同博彩的偏好关系。
- 了解风险偏好的分类及其度量方法。
- 能够构建并求解不确定条件下的最优决策问题。

§3.1 决策论的理论框架

人们对某种行为的决策依据是此行为会带来的结果。某一行为会带来确定或不确定的结果，因此决策论可以分为在确定条件下的决策与在不确定条件下的决策。

§3.1.1 确定条件下的决策

如果行为 a 的结果是确定的，比如是 c_1，那么行为与结果之间就可以建立起一一对应的关系。对行为的评估于是转化为对其结果的评估。面对多种结果，决策者更偏向于哪一种呢？结果是一种状态，我们不能像实数一样对它们进行直接的数量比较。所以我们用一个二元关系 $\succsim$ 来表示人们对于两个不同结果的偏好关系。

定义 3.1.1 对于两种结果 c_1 与 c_2，如果 $c_1 \succsim c_2$，那么对决策者来说，c_1 至少和 c_2 一样好。

另外，源于 $\succsim$ 的二元关系 $\succ$ 表示的则是人们在两个不同结果间的严格偏好关系。$c_1 \succ c_2$ 意味着 c_1 比 c_2 更好，即 $c_1 \succ c_2 \Leftrightarrow c_1 \succsim c_2$ 但 $c_2 \not\succsim c_1$。偏好关系代表着决策者对不同结果的评估。我们希望给每一种结果赋一个实数值，这样就可以直接通过比较这些值来比较不同结果了。这种值称为决策者对给定结果的效用，即主观感受。哲学家 Bentham (1824) 首先提出用效用来度量幸福与痛苦，而人应追求效用的最大化。经济学家 Pareto (1896—1897) 则认为效用无法度量，只能比较。比如，结果 c_1 的效用为 2，结果 c_2 的效用为 1，只表示决策者更喜欢 c_1，不能表示决策者对 c_1 的喜欢程度是 c_2 的两倍。von Neumann 和 Morgenstern(1944) 为体现这种效用的相对比较，建立了联系偏好与效用的理论，这套体系成为现代经济分析的基础。下面我们对它进行介绍。

假设非空集合 C 是决策者所有可选结果的集合，决策者效用函数 $u:C \rightarrow \mathbb{R}$ 的作用就是给不同结果赋效用值，比如结果 c_1 的效用值就是 $u(c_1)$。这个值表示人们在结果 c_1 下的主观感受。如果决策者更偏好的结果总能被 $u(\cdot)$ 赋一个更高的值，即 $c_1 \succsim c_2 \Leftrightarrow u(c_1) \geq u(c_2)$，那么我们说函数 $u(\cdot)$ 能够**反映**偏好关系 $\succsim$。$u(\cdot)$ 一般称为 Bernoulli 效用函数，它将一个确定的结果与一个确定的效用联系起来。① 对于任意给出的偏好关系，只要总能找到一个效用函数来反映此偏好，我们的决策理论就可以建立在效用理论的基础之上了。然而，并不是所有的偏好关系都可被效用函数来表示。一个重要前提是给出的偏好关系必须是**理性(Rational)**的。下面是理性偏好的定义。

定义 3.1.2 定义于集合 $\mathcal{C}$ 上的偏好关系 $\succsim$ 是理性的，当且仅当它满足：
(1) 完整性：如果对任何 $c_1, c_2 \in \mathcal{C}$，我们要么有 $c_1 \succsim c_2$，要么有 $c_2 \succsim c_1$。
(2) 传递性：对任何 $c_1, c_2, c_3 \in \mathcal{C}$，如果 $c_1 \succsim c_2$ 且 $c_2 \succsim c_3$，那么 $c_1 \succsim c_3$。

完整性条件说明我们面对两个结果时总可以说出自己更偏好哪个。传递性条件说的则是我们在评估结果时应保持一致性。这两个条件在现实生活中基本成立，因此偏好关系一般是理性的。容易看到，所有能被效用函数表示的偏好关系必然是理性的。然而，理性的偏好关系却不能保证它总能找到反映其自身的效用函数。当我们的可选集合 $\mathcal{C}$ 中的元素个数有限时，总存在反映理性偏好关系的效用函数，因为有限个结果总可以得出一个确定的偏好排序。② 而当可选集合 $\mathcal{C}$ 的元素个数无限时，理性条件就不再能保证反映偏好关系的效用函数存在。这时其存在性还需附加更多条件。在可选集合 $\mathcal{C}$ 是 N 维正实数集 $\mathbb{R}_+^N$ 的环境下，我们要保证能反映偏好的效用函数存在，还需要求偏好关系 $\succsim$ 是**严格单调(Strictly Monotonic)** 和**连续**的。

定义 3.1.3 定义于集合 $\mathcal{C} = \mathbb{R}_+^N$ 上的偏好关系 $\succsim$ 是严格单调的，当且仅当：对于所有 $c_1, c_2 \in \mathcal{C}$，若 $c_1 \geq c_2$，则 $c_1 \succsim c_2$；若 $c_1 \gg c_2$，则 $c_1 \succ c_2$。

可以将 c_1, c_2 看做不同的商品或收入篮子，那么定义 3.1.3 中的严格单调偏好意味着：如果一个篮子中的每种商品(收入)至少与另一个篮子的一样多，那么该篮子至少与另一个一样好；而当一个篮子中的每种商品(收入)均比另一个多时，该篮子就比另一个更好。最后，我们介绍偏好关系的连续性条件。

定义 3.1.4 定义于集合 $\mathcal{C} = \mathbb{R}_+^N$ 上的偏好关系 $\succsim$ 是连续的，当且仅当：对于 $\mathcal{C}$ 中的任

---

① Bernoulli(1738)提出了人们的选择取决于效用而非收入的思想，他首次运用函数将收入转化为效用。
② 本章思考题 1 要求对此结论作出证明。

意一对无穷序列 $\{c_1^t, c_2^t\}_{t=1}^{\infty}$，$c_1^t \succsim c_2^t$ 对所有 t 成立，且 $c_1 = \lim_{t \to \infty} c_1^t$，$c_2 = \lim_{t \to \infty} c_2^t$，那么总有 $c_1 \succsim c_2$。

用极限定义的连续性条件是直观的，偏好关系如在序列中成立，那么它在极限中也能被保持。定理 3.1.1 指出，只有连续的严格单调理性偏好才能保证找到一个反映它的连续效用函数。[①]

定理 3.1.1 如果定义于集合 $\mathcal{C} = \mathbb{R}_+^N$ 上的偏好关系 $\succsim$ 是理性、连续和严格单调的，那么总存在一个连续的效用函数 $u(\cdot)$ 来反映它。

我们下面介绍一个典型的非连续偏好关系，词典式偏好（Lexicographic Preference），并不存在任何可以表示它的效用函数。[②]

例 3.1 词典式偏好。证明词典式偏好关系不连续。

解：我们这里只举一个二维词典式偏好的例子。集合 $\mathcal{C} = \mathbb{R}_+^2$，元素 $c_1 = (x_1, y_1)$，$c_2 = (x_2, y_2)$。偏好 $c_1 \succsim c_2$，如果：$x_1 > x_2$；或 $x_1 = x_2$，但 $y_1 \geqslant y_2$。词典式偏好将二维中的某一维元素作为定义偏好的决定要素，只有当该维元素相等时，第二维元素的比较才起作用，这就像一个英文词典安排词的顺序一样。要证明词典式偏好不连续，只要构造一个序列，在极限中，整个偏好关系正好颠倒过来即可。我们构造 $x_2^t = \left(1 - \dfrac{1}{t}\right) x_1$，$y_2^t = 2y_1$，让 $c_1^t = (x_1, y_1)$，$c_2^t = (x_2^t, y_2^t)$。对于序列 $\{c_1^t, c_2^t\}_{t=1}^{\infty}$，$c_1^t \succsim c_2^t$ 对所有 t 成立，但在极限中，偏好关系正好反过来，所以词典式偏好不连续。■

总之，在确定条件下的决策方法很明了。决策者总是选择一个行为，此行为的结果能给其带来最大的效用。

§3.1.2 不确定条件下的决策

当行为 a 带来不确定的结果时，比如给一场球赛的胜负下注，决策就会变得复杂。

[①] 定理 3.1.1 的证明可参见 Jehle 和 Reny(2001)。
[②] 反映词典式偏好的效用函数需要在多维实数空间与一维实数空间建立一一对应的关系，而这是不可能的。

行为 a 的后果不确定意味着它可能会带来 n 个不同结果,比如 $c_1, c_2, \cdots, c_n$,而每种结果都有一个出现的概率 $p_i, i = 1, 2, \cdots, n$,且 $\sum_{i=1}^{n} p_i = 1$。Bernoulli 效用函数 $u(\cdot)$ 可以给每种结果 c_i 赋一个值,但无法给这 n 种结果均可能出现的不确定事件赋值。因此,我们需要一种理论来体现不确定结果的效用,这就是期望效用理论。期望效用理论源于 Bernoulli(1738)对 St. Petersburg 之谜的解释,而 von Neumann 和 Morgenstern(1944)则将该理论规范化并引入了经济学分析。[①]

我们将那些会导致不确定结果的事件称为**博彩**(**Lottery**),因为买了彩票后,我们对于是否中奖无法确定,只知道一个可能的概率。我们用 L 来表示一个博彩,$L = \{p_1, p_2, \cdots, p_n\}, \sum_{i=1}^{n} p_i = 1$。这意味着描述一个博彩就是给出它可能导致的所有 n 种结果的概率分布,这样的博彩我们称做**简单博彩**(**Simple Lottery**)。如果有些事件导致的结果本身又是博彩,那么这种事件则称为**复合博彩**(**Compound Lottery**)。比如,黑箱摸球与掷骰子分别是两个简单博彩。如果有一个游戏是:抛硬币,若正面就从黑箱中摸球;如背面则掷骰子,那么该游戏就是一个复合博彩,因为它将两个简单博彩按一定概率结合成一个总的博彩。根据复合的概率结构,复合博彩是它所包含的简单博彩的线性组合,因此它总可以最终转化成一个简单博彩。博彩与博彩之间的差异就在于各自概率分布之间的差异。由于博彩并未定义为实数,我们无法对它们作数量上的比较。像上文一样,我们首先用二元关系 $\succsim$ 来表示人们对博彩的偏好关系。

定义 3.1.5 如果 $L_1 \succsim L_2$,那么 L_1 至少和 L_2 一样好。

同样,要找到能反映不确定博彩偏好的效用函数,博彩偏好本身也要比较规范。不确定条件下的偏好关系 $\succsim$ 除了要符合定义 3.1.2 中的理性(即完整性和传递性)要求外,还要满足**连续性**与**独立性**这两个额外条件。下面给出它们的定义。

定义 3.1.6 所有可选简单博彩的集合是 $\mathscr{L}$,那么偏好关系 $\succsim$ 满足:
(1) 连续性:对任何 $L_1, L_2, L_3 \in \mathscr{L}$,集合 $\{\alpha \in [0,1] : \alpha L_1 + (1-\alpha) L_2 \succsim L_3\}$ 和集合

[①] St. Petersburg 之谜是一个抛硬币游戏。只要抛到正面就算赢,如果没抛到正面就接着抛,一旦得到正面游戏即结束。如果第一次就得到正面,奖励是 2 块钱,如果抛了两次才得到正面,奖 2^2 块钱,奖励规则于是为:若抛 n 次得到正面,奖励 2^n 块。现在问题是你愿意出多少钱来玩这个游戏。简单的计算发现此游戏的期望收入是无穷大。然而人们并不想出大价钱来玩这个游戏,问题出在哪呢?Bernoulli 认为人们的决策是基于效用而不是实际的收入结果。当人们从收入中获取的边际效用随着收入的增加而递减时(如一个 Log 效用函数),那么该游戏带给人们的期望效用就将收敛于一个有限的值。

$\{\alpha \in [0,1]: L_3 \succsim \alpha L_1 + (1-\alpha) L_2\}$ 都是闭集。

(2) 独立性：对于任何 $L_1, L_2, L_3 \in \mathscr{L}$，和 $\alpha \in [0,1]$，$L_1 \succsim L_2$ 当且仅当 $\alpha L_1 + (1-\alpha) L_3 \succsim \alpha L_2 + (1-\alpha) L_3$。

连续性条件的目的是要保证小的概率变化并不会改变博彩间的基本偏好关系。这里如将定义 3.1.5 中的闭集条件转化成等价的极限条件，我们就比较容易理解了。比如集合 $A = \{\alpha \in [0,1]: \alpha L_1 + (1-\alpha) L_2 \succsim L_3\}$ 是闭的，意味着集合 A 中的任意收敛序列，其极限也将收敛于 A 中。为简化叙述，我们仅在下面的例子中用确定事件代替博彩来说明连续性与独立性的含义。若事件 L_2 "去西藏旅行" $\succsim$ 事件 L_3 "在家看电视"，那么"去西藏旅行"混合一个足够小的概率（$\alpha \to 0$）事件 L_1 "乘飞机出事故"应不会改变以前的偏好关系。连续性条件避免了上文所述的词典式偏好，一个人不会因为一个概率几乎为零的事件，而逆转以前的偏好。独立性条件说的则是第三方博彩的加入并不影响原博彩之间的偏好关系。如果"在西藏旅行" $\succsim$ "在家看电视"，那么以 α 概率"在西藏旅行" + 以 $(1-\alpha)$ 概率"听音乐"还是 $\succsim$ 以 α 概率"在家看电视" + 以 $(1-\alpha)$ 概率"听音乐"。

我们需要找到一个效用函数 $U(\cdot): \mathscr{L} \to \mathbb{R}$ 来表示博彩之间的偏好关系，这意味着决策者更为偏好的博彩总会被 $U(\cdot)$ 赋一个更大的值。[①] 那么这种函数是什么形式呢？如果 $U(\cdot)$ 能对博彩 L 的 n 种结果都有一个赋值 $u_i, i = 1, 2, \cdots, n$，而且整个博彩的效用 $U(L) = p_1 u_1 + p_2 u_2 + \cdots + p_n u_n$，我们称这种形式的效用函数 $U(\cdot)$ 为 **von Neumann-Morgenstern 期望效用函数**。此函数将一个博彩的效用表示为它每个结果效用的期望。如此，上节中以 Bernoulli 效用函数为基础的确定条件下决策模型只需加上概率框架就可以表示不确定条件下的决策了。现在的核心问题是：对于任意给定的博彩偏好关系，是否总存在着这样一个 von Neumann-Morgenstern 期望效用函数来表达它。下面的期望效用定理给出了肯定的答案。

定理 3.1.2 如果博彩的偏好关系 $\succsim$ 满足完整性、传递性、连续性和独立性四个条件，那么偏好关系 $\succsim$ 对应着一个 von Neumann-Morgenstern 期望效用函数。也就是说，对于两个博彩 $L = \{p_1, p_2, \cdots, p_N\}$ 与 $L' = \{p_1', p_2', \cdots, p_n'\}$，$L \succsim L' \Leftrightarrow \sum_{i=1}^{n} p_i u_i \geq \sum_{i=1}^{n} p_i' u_i$。

在定理 3.1.2 中，博彩的差异并不在于可能结果集合的不同，而在于所有结果发生的概

[①] 注意我们用大写的 $U(\cdot)$ 来表示定义域为博彩的期望效用函数，而用小写的 $u(\cdot)$ 来表示定义域为确定结果的 Bernoulli 效用函数。

率分布不同。① 对此定理的证明,就是要对不同的博彩构造一个效用值,并以此来反映决策者偏好。这里只介绍大致的证明思路:首先,定义在所有博彩中决策者最喜欢和最厌恶的博彩,称之为最佳博彩与最差博彩。然后,对介于两种极端博彩之间的任意博彩,用最佳与最差博彩进行某种随机混合的概率权重来表示其效用值,越偏爱的博彩,混合的最佳博彩比重就越大。最后,证明如此构造的效用函数具有期望效用的形式。② 显然,任何 von Neumann-Morgenstern 期望效用函数 $U(\cdot)$ 的线性转换 $\alpha U(\cdot)+\beta, \alpha, \beta \in \mathbb{R}, \alpha>0$,也是一个 von Neumann-Morgenstern 期望效用函数。这一性质使得期望效用的应用更为广泛直接。

至此,我们就完成了对决策理论的基本构架。一个行为 a 会导致一个博彩 L,即 n 种结果出现的一个概率分布。如果这个分布中一种结果的概率是 1,其他均为 0,那么决策就是确定条件下的,否则就是不确定条件下的决策。因此,确定条件下的决策可以看做是不确定条件下决策的一种特例。博彩间的偏好可以用 von Neumann-Morgenstern 期望效用函数来表示,最佳博彩对应着最大函数值。这样,人们选择行为的标准,就是使自己的期望效用最大化。在以后的应用中,我们总是直接地计算期望效用,这意味着我们隐含假设所研究的决策个体其偏好总是规则的(即理性、连续与独立)。

§3.2 风险偏好

当决策者无法准确判断行为结果时,她就面临着不确定性与风险。它们是两个相近概念,Knight(1921)认为,当行为结果出现的概率分布是客观的,比如猜掷出骰子的点数,此行为就带有风险;当行为结果的概率分布是主观的,比如治疗某种怪病,此行为则蕴涵不确定性。这种区分并不影响我们已建立起的决策理论框架的应用,它们只是对博彩概率分布来源的不同解释,所以本书对它们不加区别。

§3.2.1 风险偏好的分类

人们面对风险往往表现出很不相同的选择。比如,有两种抛硬币的游戏。游戏一是抛出正面你获得 20 元,如是背面则你支付 10 元;游戏二是不论抛得哪一面,你都得到 5

---

① 我们总可以通过对某些结果赋零概率的方法来将两个博彩的可能结果集合设置为一样。
② Mas-Colell et al. (1995)在第 176—178 页对定理 3.1.2 给出了一个很直观的证明。

元。你会作何选择？游戏一与游戏二都有相同的期望货币收益,只不过游戏二的货币收益是确定的,而游戏一则有风险。稳健者可能会选择游戏二以获取确定的收益。好赌者则偏好游戏一,宁冒损失的风险也要争取赚更多的机会。在上文建立的理论中,人们的选择总是与效用挂钩的。我们的例子则说明,效用与货币收益并不总是一致的。我们现在就要将货币收益与决策者效用联系起来,以分析人们对待风险的态度。货币收益的值域一般是连续的,而期望效用定理3.1.2也是可以扩展到连续情况的,因此,应用期望效用函数来表示人们对风险货币收益的效用在理论上没有问题。

假设货币收益 X 是个随机变量,其累积分布函数 $F:\mathbb{R}\to[0,1]$。这个随机货币收益 X 可以看做一个连续值域的博彩,因此我们用其分布函数 F 来代表它。对每一个实现了的货币收益 x,决策者的效用用 Bernoulli 效用函数 $u(\cdot)$ 来表示,即 $u(x)$。那么,根据期望效用定理,博彩 F 的 von Neumann-Morgenstern 期望效用 $U(F) = \int u(x) \mathrm{d}F(x)$。下面,我们在此框架下对人们的风险偏好进行定义。

定义 3.2.1 对于随机货币收益 X 的任意累积分布函数 $F:\mathbb{R}\to[0,1]$,用 $U(F) = \int u(x)\mathrm{d}F(x)$ 表示博彩 F 的期望效用,用 $\alpha = \int x\mathrm{d}F(x)$ 表示货币收益 X 的期望。对拥有 Bernoulli 效用函数 $u(\cdot)$ 的决策者,如果 $u(\alpha) \geq U(F)$,决策者就是风险规避者;如果 $u(\alpha) = U(F)$,决策者就是风险中性者;如果 $u(\alpha) \leq U(F)$,决策者就是风险爱好者。

在定义 3.2.1 中,α 是个确定的选择,而我们要做的是对一个博彩 F 和一个确定的选择 α 作效用上的比较,以此来反映人们对待风险的不同态度。根据定义,α 的固定收益设定为博彩 F 的期望收益,这是比较的起点。如果人们更偏好 α,说明他们面对一定收益,总希望其中蕴涵的变数越少越好,因此是风险规避者,比如上文中选择游戏二者。如果更偏好 F,则表明他们期望有机会获取超出平均收益的机会,所以是风险爱好者,如上文中选择游戏一者。如果对于 α 与 F 完全无所谓,则是风险中性者,比如对上文两种游戏无差异者。人们对待风险的不同偏好可以体现到 Bernoulli 效用函数 $u(\cdot)$ 的形态,即人们是如何评估既定财富上。根据 Jensen 不等式,$u(\alpha) \geq U(F)$ 意味着 Bernoulli 效用函数 $u(\cdot)$ 是凹的,也就是说财富的边际效用是递减的。[①] 风险爱好则表明 $u(\cdot)$ 是凸的,即财富的边际效用递增,所以值得冒险去获得更大财富。而风险中性则说明 $u(\cdot)$ 是线性的。Bernoulli 对 St. Petersburg 之谜的解释正是引入了一个凹的效用函数,即假设决策者一般是风险规避的。

---

① Jensen 不等式:$u(\cdot)$ 是凹的 $\Leftrightarrow \int u(x)\mathrm{d}F(x) \leq u\left(\int x\mathrm{d}F(x)\right)$。

§3.2.2 风险偏好的度量

如果我们需要对风险偏好的程度进行度量,就得提出一些指标。这里以风险规避型效用函数为例介绍两个常用指标:**确定等值**(Certainty Equivalent)和**概率溢价**(Probability Premium)。Bernoulli 效用函数 $u(\cdot)$ 的形态决定了风险偏好的类型,而风险偏好的程度则由效用函数的凸凹程度来衡量。

测度效用函数凸凹程度有以下两种方法,它们均有经济学意义上的解释。风险规避者对货币博彩 F 的期望效用是 $U(F) = \int u(x) \mathrm{d}F(x)$,如果给她确定的货币 $\alpha = \int x \mathrm{d}F(x)$,她显然会选择 α。那么当 α 减少到多少时,风险规避者会转而选择博彩 F 呢?确定等值就是这样一笔金额 c,它带给风险规避者的效用与博彩 F 的完全相同,即 $u(c) = \int u(x) \mathrm{d}F(x)$。风险规避程度越高,与博彩匹配的确定等值就越小。确定等值是从调整确定货币金额的角度来度量风险偏好的,另一方面,我们还可以从修改博彩概率的角度来度量偏好,这就是概率溢价。假设一个抛硬币的博彩,参与者原有货币 x,如果得正面,她可赢货币 ε,如是反面,则输货币 ε。对于一个正反面概率均为 $1/2$ 的公平硬币,拥有凹效用函数的风险规避者显然不会选择参与,因为 $u(x) > \frac{1}{2}u(x+\varepsilon) + \frac{1}{2}u(x-\varepsilon)$。若想吸引她转向这个博彩,只有增加其赢(即正面)的机会,这个增量 π 就称为概率溢价。风险规避程度越高,所需要的概率溢价也越大。注意,概率溢价总是以抛公平硬币这一随机事件作为比较的起点的。下面,我们就给出确定等值与概率溢价严格的定义,它们并不仅限于度量风险规避型效用函数。

定义 3.2.2 给定 Bernoulli 效用函数 $u(\cdot)$:
(1) 博彩 F 的确定等值 $c(F,u)$ 由以下方程决定:

$$u(c) = \int u(x) \mathrm{d}F(x)$$

(2) 博彩 F 的概率溢价 $\pi(x,\varepsilon,u)$ 由以下方程决定:

$$\left(\frac{1}{2}+\pi\right)u(x+\varepsilon) + \left(\frac{1}{2}-\pi\right)u(x-\varepsilon) = u(x)$$

图 3.1 对确定等值与概率溢价这两个概念以一个风险规避者的两点分布为例进行了描述,其中横轴表示货币收入,纵轴则对应的是 Bernoulli 效用 $u(\cdot)$。我们假设博彩 F 有 1/2 的机会带来货币 $x+\varepsilon$,1/2 的机会带来货币 $x-\varepsilon$。博彩 F 的期望效用是 $A = \frac{1}{2}u(x+\varepsilon) + \frac{1}{2}u(x-\varepsilon)$,对应于此效用的是确定等值点 B,B 小于博彩 F 的货币期望值 x。另外,要达到确定收益 x 的效用 $u(x)$,1/2 的概率必须加上概率溢价的调整,这个溢价将使博彩 F 的货币期望增加到点 C,同时使得期望效用正好对应 $u(x)$。

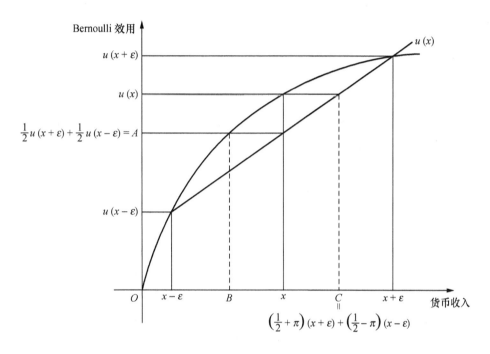

图 3.1 一个两点分布博彩的确定等值与概率溢价

例 3.2 风险偏好的度量。请问对于风险规避、中性与爱好者,他们的确定等值和概率溢价各有何特点?

解:根据定义 3.2.1,风险规避者的确定等值 $c(F,u) \leqslant$ 货币收益的期望 $\int x \mathrm{d}F(x)$,其概率溢价 $\pi(x,\varepsilon,u) \geqslant 0$。风险中性者的确定等值 $c(F,u) =$ 货币收益的期望 $\int x \mathrm{d}F(x)$,其概率溢价 $\pi(x,\varepsilon,u) = 0$。而风险爱好者的确定等值 $c(F,u) \geqslant$ 货币收益的期望 $\int x \mathrm{d}F(x)$,其概率溢价 $\pi(x,\varepsilon,u) \leqslant 0$。∎

下面的例3.3讨论的是一个不确定条件下的资产组合问题,它将以上所学的知识串连起来,我们以此例结束本章。

例3.3 资产组合问题。决策者有财富W要在风险资产(如股票)与固定收益资产(如债券)之间分配。风险资产收益R是服从分布$F(\cdot)$的随机变量,固定资产收益是T。决策者的Bernoulli效用函数是$u(\cdot)$。

(1) 决策者应如何在风险资产与固定收益资产间分配其财富?

(2) 假设风险资产对每1元的投资有50%的可能带来2元的回报,也有50%的可能性仅返回0.2元。固定收益资产每1元的回报为1.1元。对于风险规避者$u(x)=\sqrt{x}$、风险中性者$u(x)=x$和风险爱好者$u(x)=x^2$,他们各自的最优资产组合是怎样的?

解:(1) 决策者的目标是投资收益期望效用的最大化。可供选择的变量是不同资产的分配比例。假设决策者将财富W中的α和$1-\alpha$分别投资于风险资产与固定收益资产,$\alpha\in[0,1]$,那么总的投资收益是$\alpha WR+(1-\alpha)WT$。这个总收益是个博彩,因为风险资产收益R不确定。博彩的期望效用是:

$$\int u(\alpha Wr+(1-\alpha)WT)\mathrm{d}F(r)$$

这样,决策者的问题就是选择α来使期望效用最大化,即

$$\underset{\alpha\in[0,1]}{\mathrm{Max}}\int u(\alpha Wr+(1-\alpha)WT)\mathrm{d}F(r)$$

以上问题没有解析解,根据定理2.2.2,一个连续的效用函数$u(\cdot)$总能保证最优比例α^*的存在。(2)中的特例可以让我们更清楚地看到风险偏好对最优决策的影响。

(2) 在此特例中,风险资产收益服从两点离散分布。

(i) 对于风险规避者$u(x)=\sqrt{x}$,她要解决的问题是:

$$\underset{\alpha\in[0,1]}{\mathrm{Max}}\,50\%\sqrt{2\alpha W+1.1(1-\alpha)W}+50\%\sqrt{0.2\alpha W+1.1(1-\alpha)W}$$

最优解$\alpha^*=0$,所以风险规避者会将她所有财富都投到固定收益资产上。

(ii) 对于风险中性者$u(x)=x$,她要解决:

$$\underset{\alpha\in[0,1]}{\mathrm{Max}}\,50\%[2\alpha W+1.1(1-\alpha)W]+50\%[0.2\alpha W+1.1(1-\alpha)W]$$

最优解$\alpha^*=[0,1]$,风险中性者在两种资产的比例选择上无所谓,任何组合带来的期望

效用都是一样的。

(iii) 对于风险爱好者 $u(x) = x^2$,她的问题则是:

$$\max_{\alpha \in [0,1]} 50\% [2\alpha W + 1.1(1-\alpha)W]^2 + 50\% [0.2\alpha W + 1.1(1-\alpha)W]^2$$

最优解 $\alpha^* = 1$,风险爱好者会将所有财富投到风险资产上。■

如果注意到在例 3.3(2)中,风险资产的期望收益与固定资产确定收益相等这一事实,以上结果就很容易理解了。根据定义 3.2.1,同等收益的风险资产与固定收益资产,对于风险规避者来说,后者带来的效用更高;对于风险中性者来说,两者效用一样;而对于风险爱好者来说,前者效用更高。在分配财富用途时,尽可能多地投入到效用更高的项目就是当然选择。只有当风险资产的期望收益 $E(R) = \int r dF(r)$ 大于固定资产收益 T 时,风险规避者才会开始投资于风险资产。比如,当例 3.3(2)中固定资产收益由 1.1 元下降到 1.05 元时,通过同样计算可得:风险规避者会将 13% 的财富投入风险资产,将 87% 的财富投入固定资产。

思 考 题

1. 证明以下命题:对于定义在元素个数有限的集合 C 上的理性偏好关系 $\succsim$,必然存在一个能够反映它的效用函数 $u: C \to \mathbb{R}$。

2. 判断以下陈述是否正确:

(1) 如果效用函数 $u_1(\cdot)$ 和 $u_2(\cdot)$ 都能反映偏好关系 $\succsim$,那么一定存在一个严格单调的函数 $f: \mathbb{R} \to \mathbb{R}$ 使得 $u_1 = f(u_2)$。

(2) 一个连续的偏好关系 $\succsim$ 不能被一个不连续的效用函数 $u(\cdot)$ 来反映。

(3) 如果定义于集合 $C = \mathbb{R}$ 上的偏好关系 $\succsim$ 能被效用函数 $u(c) = \nabla c$ 所反映,其中 ∇c 代表不大于 c 的最大整数,那么 $\succsim$ 必是不连续的。

3. 考查三种货币收益效用函数形式:$u_1 = -e^{-\alpha x}$,$u_2 = \frac{1}{\alpha - 1}(\alpha x)^{1 - \frac{1}{\alpha}}$ 以及 $u_3 = -\frac{1}{2}(\alpha - x)^2$。

(1) Arrow-Pratt 绝对风险规避系数定义为:$A(x) = -u''(x)/u'(x)$;而相对风险规避系数则定义为:$R(x) = xA(x)$。分别求出以上三种效用函数的 $A(x)$ 与 $R(x)$。

(2) 某项投资收益 X 将分别会以 $1/7$ 的概率取值 0、10 000、20 000、30 000、40 000、50 000 和 60 000。讨论以上三种不同效用函数之下,该项投资的确定等值。

4. 市场上有一风险资产 A 和无风险资产 B，该市场会有 n 种可能的结果，每种结果 i 出现的概率是 $p_i, i=1,2,\cdots,n$。在结果 i 出现时，投资每单位风险资产 A 的回报是 r_i，而每单位无风险资产 B 的回报总是 R。投资人的起始财富为 W_0，效用函数是 $u(\cdot)$，而风险资产的价格是 P_A，无风险资产的价格为 P_B。讨论该投资人对于风险资产 A 的需求是如何随她的最初财富水平 W_0 变化的。

参考文献

Bentham, J. (1824), "Anintroduction to the Principles of Morals and Legislation", in Mill J. S. and J. Bentham, *Utilitarianism and Other Essays*, Harmandsworth: Penguin.

Bernoulli, D. (1738), "Specimen Theoriae Novae de Mensura Sortis", *Commentarii Academiae Scientiarum Imperialis Petropolitanae* 5: 175—192.

Jehle, G. and P. Reny (2001), *Advanced Microeconomic Theory*, Boston: Addison-Wesley.

Knight, F. (1921), *Risk, Uncertainty and Profit*, Boston, Mass.: Houghton Mifflin. Reprint. London: London School of Economics.

Mas-Colell, A., M. Whinston and J. Green (1995), *Microeconomic Theory*, Oxford University Press.

Pareto, V. (1896—1897), *Cours d'économie politique*, professé à l'université de Lausanne, 3 volumes.

von Neumann, J., and O. Morgenstern (1944), *Theory of Games and Economic Behavior*, Princeton: Princeton University Press.

第4章　博弈的基本框架

本章将介绍博弈的基本框架,主要涉及博弈的构成要素、博弈的表示方法以及博弈的分类等。精确掌握博弈论的基础性概念对博弈论的熟练应用及开拓性研究都是十分重要的。通过本章的学习,读者应:

- 明确一个博弈的四大构成要素。
- 精确理解信息集与策略这两个重要概念。
- 能够用博弈的扩展式与规范式来描述一个博弈问题。
- 了解划分博弈类型的基本方法。

§4.1 博弈的构成要素

一个**博弈**（Game）是以数学语言对一个存在利益冲突和行为依存关系的故事，进行的规范描述。我们以"石头、剪子、布"这个简单游戏为例，阐述如何将故事转化为博弈模型。这一般应分为两步：第一步，明确故事中的博弈构成要素；第二步，根据这些要素，运用博弈论特有的规范数学语言及概念构建博弈模型。一个博弈由四大基本要素构成，它们是：**博弈参与者、博弈规则、博弈结局与博弈的效用**。

博弈参与者是指在一个博弈中能够将对手的行为纳入到自身行为选择过程中的主体，即策略（Strategic）主体。一般来说，决策论中的策略主体只有一个，即决策者；而在博弈论中，策略主体至少应有两个。

博弈规则是对博弈具体如何进行所做的完整定义。博弈规则是建立博弈模型的核心，它包括三个关键点：行为、时间与信息。博弈规则首先要给参与博弈者能够采取的所有行为划一个边界，比如，在"石头、剪子、布"游戏中规定只有三种出拳方式且出拳后不能反悔。时间则反映博弈参与者采取行动的次序。行动的次序不同对博弈有着重要影响（试想在"石头、剪子、布"游戏中总让你先出拳会如何）。信息则是指在采取一个行动时对对手情况的了解程度。在"石头、剪子、布"游戏中，由于参与者要求同时出拳，双方均不知道对方会出什么（若允许一先一后出拳，后出者就知道先出者的选择）。

博弈结局是指在规则允许的所有行为进行完毕之后，最终结果怎样。各博弈参与者采取不同的行为会带来不同的博弈结局。

博弈的效用则给出所有可能博弈结局之下，每个参与者的效用。这个效用由博弈各方的效用函数决定。博弈者总是依据最终结局的效用来选择行为。

我们现在就可以列出"石头、剪子、布"游戏的博弈构成要素了。博弈参与者为两人，甲与乙。博弈规则是每个人在不知对手选择的情况下（信息）同时（时间）无反悔地出三种手势：石头、剪子与布中的一种（行动）。博弈的结局共有九种：甲石头对乙石头；甲石头对乙剪子；甲石头对乙布；甲剪子对甲石头；甲剪子对乙剪子；甲剪子对乙布；甲布对乙石头；甲布对乙剪子；甲布对乙布。如果两人出同种手势，所得平局；如果石头对剪子，则出石头者胜；如果石头对布，则出布者胜；如果剪子对布，则出剪子者胜。最后，博弈效用需分别给胜、平与负局赋值，如果我们假设胜者得1，平者得0，负者得-1，那么顺序对应以上九种情况的效用分别是$\{0,0\},\{1,-1\},\{-1,1\},\{-1,1\},\{0,0\},\{1,-1\}$，

$\{1,-1\}$，$\{-1,1\}$，以及$\{0,0\}$，其中每个集合第一个元素代表甲的效用，第二个元素代表乙的效用。对这个相当简单的博弈，作一个完整的描述也显得甚为繁琐，因此，我们有必要发展出更为简洁的符号和方法来表示博弈的诸要素。

§4.2 博弈的表示方式

博弈有两种基本表示方法：**扩展式**（**Extensive Form**）与**规范式**（**Normal Form**）。它们将博弈的参与者、规则、结局及效用以简明直观的形式表示出来，大大方便了我们对博弈的分析。

§4.2.1 博弈的扩展式

博弈的扩展式是用树形图对一个博弈故事的基本构成要素，包括博弈参与者、可选行动与次序、结局以及效用，进行的形象描述。博弈树在几何上由点与线段构成。博弈树上的点称做决策点，每个决策点代表相应博弈者的一个决策场景。在每个决策场景下，博弈者需要决定下一步的行动选择。而博弈树上与各决策点相连的线段则代表供各博弈者选择的行动。决策点上方的线段代表能导致此决策场景的行动，而决策点下方连接的线段则代表此决策场景下，博弈者能够选择的所有行动。决策点的前后次序描绘了整个博弈的行动次序。一般博弈的第一个决策点被画为空心，代表起始决策点，其他决策点均为实心，最后的决策点则代表博弈行为的结束，其后紧跟的将是各结局的效用。

我们通过几个例子来理解以上对博弈扩展式所做的抽象说明。将上一节中介绍的"石头、剪子、布"游戏称为版本1，现在引入版本2。版本2与版本1除了参与人出手势的顺序之外，其他完全相同。在版本2中，每次都由甲首先出手势，这对乙来说显然是个很好的版本。图4.1就是对版本2的扩展式描述。甲从起始决策点（空心）出发，有三种可供采取的行动。对应甲的任一种行动，乙从自己的决策点出发也有三种选择。最后括号中分别是不同结局下甲与乙的效用。博弈扩展式完整描述了所有可能的博弈路径，比如版本2中一种可能的路径是甲先出石头，而后乙出布。博弈论研究的就是博弈者在实际中会选择哪条博弈路径的问题。

现在考虑版本1的扩展式，困难之处是扩展式将如何表达双方出手势的时间相同这

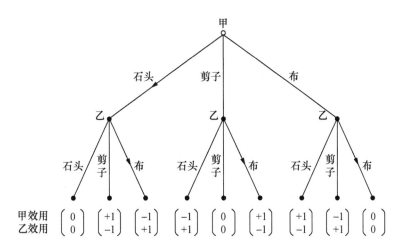

图 4.1 "石头、剪子、布"游戏版本 2 的扩展式

一点。为此,我们需要引入一个重要概念,**信息集**(Information Set)。在版本 1 中,甲乙同时出手势,双方在行动时并不知道对方出了什么。所以版本 1 可以完全等同地在博弈树上表示为:甲先出手势,但乙看不到甲出的是什么,然后乙再出。这样,甲先出了什么手势,对于乙来说都是无法区分的。如图 4.2 所示,在版本 1 的扩展式中,我们仍然画出从甲的决策点出发的三种行为,但在它们所导致的乙的三个决策点外加上一个大框。这个框表示乙无法分辨其中的三个决策点,因此该框对乙来说只是一个决策场景(在版本 2 中乙的三个决策点则代表了三个决策场景)。我们称包含博弈者某些决策点的集合为该博弈者的一个信息集,这个信息集反映该博弈者无法区分集合中的决策点,也即无法辨别能导致这些决策点的行动。所以,一个行动只要能导致信息集中任一决策点,它就会将该博弈者带入整个信息集。在此信息集下,博弈者对下一步行动的选择将取决于她对所处信息集中决策点概率分布的判断,以后各章对此将有更多说明。我们可以将信息集看做一个大的决策点,它与其他决策点相区别,而它所包含的小决策点又是无法区别的。体现这种认知关系的信息集概念必须在逻辑上与博弈树所描绘的整个博弈进程相一致,因此需满足以下两个必要条件。①

定义 4.2.1 一个信息集 H 是以决策点为元素的集合。信息集需满足以下两个条件:
(1) 同一个信息集中的所有决策点后必须紧接着完全相同的可选行动。
(2) 同一个信息集中的决策点不能出现一个先于另一个出现的情况。

---

① Owen(1982,第 2 页)。

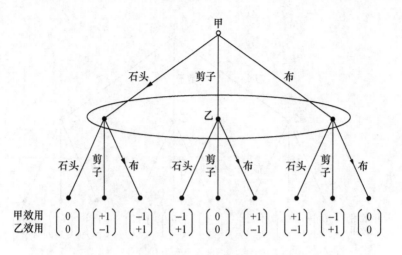

图 4.2 "石头、剪子、布"游戏版本 1 的扩展式

我们通过例 4.1 来理解定义 4.2.1 中两个条件的含义。

例 4.1 信息集判断。请判断博弈树简图 4.3 中哪些信息集设置是正确的。

解：图 4.3(a) 中的信息集设置是正确的。它表示甲无法判断自己处于信息集四个决策点中的哪一个。一个博弈者如果总能记住她所经历过的所有博弈路径，我们称她具有**完美回忆**（Perfect Recall）。在图 4.3(a) 中，我们可以断定甲已经忘记了她自己以前采取的行动以及其对手的反应，否则她不可能完全分不清四个决策点。所以我们说在图 4.3(a) 中，甲没有完美回忆。本书以后所涉及的博弈均为完美回忆博弈。图 4.3(b) 中的信息集设置是错误的。它不符合定义 4.2.1 中的条件(1)。由于乙无法判断自己处于哪个决策点，信息集中的每个决策点对于她来说都是相同的，因此每个决策点后紧随的选择也应该完全一样。图 4.3(c) 中的信息集设置也是错误的。它不符合定义 4.2.1 中的条件(2)。信息集只对应一个博弈者，甲乙两人的决策点在同一个信息集内造成概念上的混乱。在图 4.3(d) 中的信息集虽然都对应着乙，但它也违反了定义 4.2.1 中的条件(2)。如果乙能够分清甲的第二步决策点，她就应能分清自身上下两层的位置。① ∎

如果在一个博弈中，每一个信息集都只包含一个决策点，我们就说这个博弈是**完美信息**（Perfect Information）博弈，它意味着博弈者的每一步行动都清晰可见。而当博弈中存在包含多个决策点的信息集时，它就是**不完美信息**（Imperfect Information）博弈，即

---

① 注意：我们一般假设博弈者对整个博弈的结构，包括行动顺序和各自可能的行为是了解的。

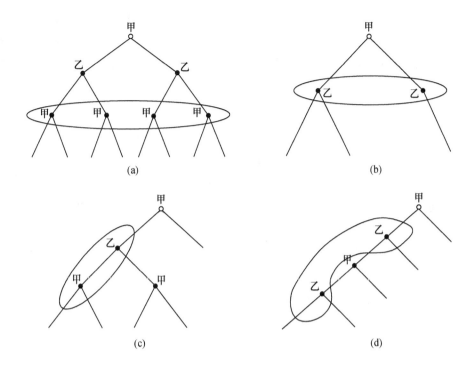

图 4.3 信息集判断

博弈者无法区分对手的一些行动。"石头、剪子、布"游戏版本 1 就是一个不完美信息博弈,而版本 2 则是一个完美信息博弈。桥牌是一个不完美信息博弈,而象棋则是一个完美信息博弈。总结起来,博弈的扩展式就是用决策点、信息集、可选行为以及效用函数来描述整个博弈进程的树形图。

§4.2.2 策略

博弈者的**策略**(Strategy)是博弈论中的核心概念。通俗地讲,一种策略就是一个完整的相机计划(Contingent Plan),它说明了一个博弈者在她所有可能要求行动的情况之下应如何行动。可以将策略想象成一个行动手册,任何人持有这个手册,都能清楚地代替博弈者应对所有可能出现的场景。从上一节我们知道,一个信息集就是一个决策场景。因此,一种策略就是对博弈者在每个可能到达的信息集处应如何行动的一个完整说明。下面给出策略的严格定义。

定义 4.2.2 让 $\mathcal{H}_i$ 表示博弈者 i 所有信息集的集合,$\mathcal{A}_i$ 表示她所有可能的行动集合,$C_i(H) \subset \mathcal{A}_i$ 表示她在信息集 H 处所有可能的行为,$H \in \mathcal{H}_i$。博弈者 i 的一种策略就是一个从 $\mathcal{H}_i$ 到 $\mathcal{A}_i$ 的函数 $s_i : \mathcal{H}_i \to \mathcal{A}_i$。此函数要保证策略 $s_i(\cdot)$ 在信息集 H 处的行动 $s_i(H) \in C_i(H)$。

结合博弈树,定义 4.2.2 可以这样来理解。第一,决策点也是一种信息集。第二,定义 4.2.2 中的一个行动是指博弈树上源于任一信息集的一条线段。第三,信息集下所选择的行动不能是与该信息集不相连的线段。第四,一个行动(线段)不是策略,策略是对所有信息集下线段选择的完整描述。因此,在一个博弈下要写出某博弈者的策略,首先要找出她的所有信息集,然后依次给出每个信息集下的行动选择。

在"石头、剪子、布"游戏版本 1 中,甲与乙都只有一个信息集,所以他们均有三种策略,即石头、剪子和布。而在版本 2 中,甲同样只有这三种策略,但乙的信息集变为三个,每个信息集下的行动又有三种,因此其策略变为 $3 \times 3 \times 3 = 27$ 种。我们列出其中的一种:如果甲出石头,乙出剪子;如果甲出剪子,乙出剪子;如果甲出布,乙出剪子。这个策略给出了乙对于甲所有三种可能行动的某种回应。仅仅说"乙出剪子"并不构成乙的一个策略,因为人们不清楚乙应在甲出什么的时候出剪子。"乙出剪子"也不是一个行动手册,持有手册者面对甲时仍然会无所适从,而"乙无论甲出什么都出剪子"才构成一个策略。

以后,我们用 s_i 来表示博弈者 i 的一种策略,用 S_i 来表示博弈者 i 所有的策略之集合,用 s_{-i} 表示除了博弈者 i 之外其他所有博弈者的一种策略之集合,而 S_{-i} 则表示除博弈者 i 外其他所有博弈者的所有策略的集合。[①] 定义 4.2.2 中的策略 $s_i(H)$ 是在任意信息集 H 处从集合 $C_i(H)$ 中选择一个确定的行动,我们称这种策略为**纯策略**(Pure Strategy)。那么,我们能不能从集合 $C_i(H)$ 中同时选择两种或多种确定行动呢?比如,我们能否在一个决策点既选石头又选剪子呢?这种可能的实现方法就是对纯策略进行随机选择,从而使得各种行动都有被执行的可能。我们称对所有纯策略的随机选择为**混合策略**(Mixed Strategy)。在同一个博弈中,一种混合策略区别于另一种混合策略的标准就是看它们对所有纯策略赋予的概率分布是否相同。因此,纯策略也可以看做一种特殊的混合策略。下面是混合策略的严格定义。

[①] 假设一个博弈中有 N 个博弈者,那么 $s_{-i} = \{s_1, s_2, \cdots, s_{i-1}, s_{i+1}, \cdots, s_N\}$;$S_{-i} = \{S_1, S_2, \cdots, S_{i-1}, S_{i+1}, \cdots, S_N\}$。

定义 4.2.3　如果博弈者 i 的纯策略集合 S_i 元素个数是有限的,那么混合策略 σ_i 就是一个从纯策略集合到特定概率分布的函数 $\sigma_i: S_i \to [0,1]$,这个函数给每一种纯策略 s_i 赋予一个概率 $\sigma_i(s_i) \geq 0$,同时这些概率之和为 1,即 $\sum_{s_i \in S_i} \sigma_i(s_i) = 1$。

定义 4.2.3 是针对离散型纯策略集合的,如果纯策略集合是连续的,那么混合策略就是对纯策略分布的一个概率密度函数。在"石头、剪子、布"游戏中,甲的一种混合策略可以是:1/3 概率出石头,1/3 概率出剪子,1/3 概率出布。而在一个拍卖博弈中,竞标者能够提交的标价集合,即纯策略集合,是连续的,因此她的一种混合策略可以是:正实数区间 $[a,b]$ 上的一个分布 $f(\cdot)$,其中 a,b 分别是该竞标者愿意出的最低与最高价。

在现实中,对于一个混合策略的执行,人们理解起来并不太容易,毕竟博弈者最终只能执行一种确定的行动。比如以上"石头、剪子、布"游戏中,甲以等概率出三种手势这一混合策略应如何执行呢?我们可以用掷骰子的方法来实现:如果掷到 1 和 2 就出石头;掷到 3 和 4 就出剪子;掷到 5 和 6 则出布。对于任何混合策略,我们都可以理解为存在一个随机装置(Randomization Device),它能以该混合策略的概率分布产生不同的变量值,然后,博弈者根据不同变量值来执行不同的确定行动。于是这个随机装置就帮助博弈者执行了给定的混合策略。

下面,我们来看一个根据博弈扩展式寻找纯策略与混合策略的例子。

例 4.2　策略列举。图 4.4 中是一个两人博弈扩展式,请写出甲与乙所有的纯策略与混合策略。

解:从图 4.4 中可以看到,甲有两个信息集,一个完整的策略必须分别给出她在两个信息下的行动选择。因此,甲共有四个纯策略,它们分别是:$s_甲^1 = (b,$ 然后 $e)$;$s_甲^2 = (b,$ 然后 $f)$;$s_甲^3 = (a,$ 然后 $e)$;以及 $s_甲^4 = (a,$ 然后 $f)$。而乙则只有两个纯策略:$s_乙^1 = c$;$s_乙^2 = d$。甲的混合策略 $\sigma_甲$ 是:概率 p_1 执行 $s_甲^1$,概率 p_2 执行 $s_甲^2$,概率 p_3 执行 $s_甲^3$,概率 p_4 执行 $s_甲^4$,$\sum_i p_i = 1, p_i \in [0,1], i = 1,2,3,4$。乙的混合策略 $\sigma_乙$ 是:概率 q_1 执行 $s_乙^1$,概率 q_2 执行 $s_乙^2$,$\sum_i q_i = 1, q_i \in [0,1], i = 1,2$。∎

注意例 4.2 中甲的策略 $s_甲^1$ 与 $s_甲^2$。当甲开始选择了 b,她后面就没有机会去选择 e 与 f 了。但根据策略定义 4.2.2,我们仍需给出她在第二个信息集处的选择,即使该信息集并不会达到。这导致的问题是 $s_甲^1$ 与 $s_甲^2$ 本质上是完全相同的,它们到底算一个还是两个策略呢?根据策略的原始定义 4.2.2,它们应算做两个策略。同时,因这两个策略带来的博

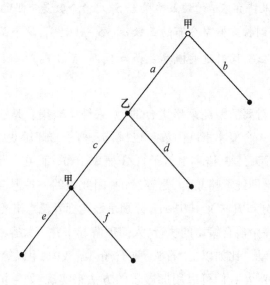

图4.4 浓缩策略

弈结果总是相同的,可以对它们进行某种处理以简化我们对博弈的分析。首先,当博弈者的一些纯策略在对手任意策略组合下都能带来完全相同的博弈结果(即最终决策点)时,我们称这些策略是**结局相等**(Outcome Equivalent)的。其次,如果有一个策略,它尽管给出了某些决策点下的行动选择,但这些决策点却因上一级行动而永远无法到达,那么这个策略总能衍生出一些与之结局相等的其他策略。最后,我们可以将所有结局相等的策略合并成一个新的策略,这个策略省去对无法到达的决策点下行动的描述,因而称做那些结局相等策略的**浓缩策略**(Reduced Strategy)。浓缩策略能精简对博弈的分析,也不会丢失任何信息,所以我们开始分析一个博弈时往往先对其策略集合作一个浓缩。例4.2中甲的两个策略$s_甲^1$与$s_甲^2$就是结局相等的,它们可以浓缩为一个策略$s_甲^{1'}=b$。

至此,我们介绍了博弈的纯策略、混合策略以及(基于纯策略的)浓缩策略。在博弈的扩展式下,混合策略往往显得不太直观。比如在例4.2中,甲的一种混合策略$\sigma'_甲$可以是1/2概率执行纯策略$s_甲^1=(b,e)$,1/4概率执行$s_甲^2=(b,f)$,1/6概率执行$s_甲^3=(a,e)$和1/12概率执行$s_甲^4=(a,f)$。由于混合策略是对纯策略(从博弈开始到结束的整个行动计划)集合进行的整体随机选择,从它们难以看清博弈进行到每一步(信息集)时博弈者的选择。为此,我们引出一个介于纯策略与混合策略之间的新概念:**行为策略**(Behavior Strategy)。行为策略告诉博弈者到达每一个信息集之下应如何选择行动,既可以是确定的也可以是随机的。所以,行为策略是从每个信息集到该信息集下可选行动概率分布的函数。以下是其严格定义。

定义 4.2.4 如果博弈者 i 共有 T 个信息集，$T \in \mathbb{N}$，$C_i(H_t)$ 是其在信息集 H_t 下所有可选行为的集合，且 $C_i(H_t)$ 元素个数有限，$t = 1, 2, \cdots, T$，那么博弈者 i 的一个行为策略就是函数 $\sigma_i: C_i(H_1) \times C_i(H_2) \times \cdots \times C_i(H_T) \to [0,1]^T$，且 $\sum\limits_{C_i(H_1) \times \cdots \times C_i(H_T)} \sigma_i(\cdot) = (1, 1, \cdots, 1)$。

通过对混合策略 $\sigma'_甲$ 的各决策点下行动概率进行加总，我们可以得到一个与之等同的行为策略，即在第一个决策点下以 1/4 概率选择行动 a，3/4 概率选择行动 b；而在第二个决策下则以 2/3 概率选择行动 e，1/3 概率选择 f。混合策略给出的是所有纯策略的随机分布，行为策略则给出每个信息集下所有可选择行动的随机分布，它们在具有完美回忆的博弈中是结局相等的。① 只不过行为策略用于博弈的扩展式更为简明直观，而混合策略用于博弈的另一种表示方法规范式则更为方便。

§4.2.3 博弈的规范式

博弈的扩展式能够直观地描述博弈进程，有助于我们理解策略这一概念。我们定义了策略之后，就可以用一种更加简单的方式，即规范式，来描述博弈了。博弈的规范式又称策略式（Strategic Form），它直接用一个博弈中所有可能的策略集合来描述该博弈。规范式可以看成是扩展式的浓缩版本。在有 N 个参与者的博弈中，规范式包括：(1) N 个博弈者所有可能的纯策略组合 S，即每个博弈者纯策略集合的笛卡儿乘积 $S_1 \times S_2 \times \cdots \times S_N$。(2) 每一种纯策略组合带给各个博弈者的效用，由效用函数 $u_i: S \to \mathbb{R}$ 来表示，$i = 1, 2, \cdots, N$。"石头、剪子、布"游戏版本 1 的规范式包括：纯策略组合 {石头，剪子，布} × {石头，剪子，布} 以及甲和乙的效用函数：

$$u = \begin{cases} 1, & \text{如果石头对剪子、剪子对布或布对石头} \\ -1, & \text{如果与以上相反} \\ 0, & \text{如果策略相同} \end{cases}$$

以上描述仍显得繁琐，对于只有两个参与者的博弈，其规范式还可以用一种更为紧凑的矩阵来表示。版本 1 规范式的矩阵表示法见图 4.5。图中列表横向表示甲的三种策略，纵向表示乙的三种策略，九种策略组合对应九个方格。在每个方格中，左边的实数是

---

① 见 Kuhn(1953)。

乙在该策略组合下的效用,右边的则是甲的。而在该游戏版本2的规范式中,甲有3种策略,乙则有27种策略,这会产生 3×27 的矩阵。对于版本2,还是用扩展式表示较为简明。

		甲	
	石头	剪子	布
乙 石头	0,0	1,0	−1,0
乙 剪子	−1,0	0,0	1,0
乙 布	1,0	−1,0	0,0

图4.5 "石头、剪子、布"游戏版本1的规范式

例 4.3 混合策略的效用。请将图 4.6 中的两人博弈扩展式转化为浓缩规范式,即所有策略已为浓缩策略的规范式,并举例说明混合策略下的效用是如何决定的。

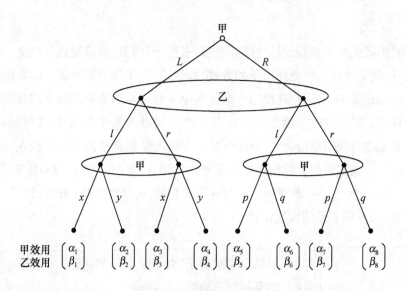

图 4.6 混合策略的效用

解:要将博弈的扩展式转化为浓缩规范式,首先要找出甲和乙所有的浓缩策略。甲有三个信息集,每个信息集下有两个选择,因此共有 2×2×2 个纯策略,而它们又可以缩减为 4 个浓缩纯策略:$s_甲^1=(L,然后\ x)$;$s_甲^2=(L,然后\ y)$;$s_甲^3=(R,然后\ p)$;$s_甲^4=(R,然后\ q)$。乙只有一个信息集,所以有两个纯策略:$s_乙^1=l$;$s_乙^2=r$。此博弈的浓缩规范式可以表示为一个 2×4 的矩阵,见图 4.7。

	甲			
	$s_甲^1$	$s_甲^2$	$s_甲^3$	$s_甲^4$
乙 $s_乙^1$	β_1,α_1	β_2,α_2	β_5,α_5	β_6,α_6
$s_乙^2$	β_3,α_3	β_4,α_4	β_7,α_7	β_8,α_8

图 4.7　例 4.3 的浓缩规范式

现在考虑两人的一组混合策略 $(\sigma_甲,\sigma_乙)$,其中 $\sigma_甲$ 为:用 1/2 的概率执行策略 $s_甲^1$,1/2 的概率执行策略 $s_甲^4$;而 $\sigma_乙$ 则为:用 2/3 的概率选策略 $s_乙^1$,1/3 的概率选策略 $s_乙^2$。博弈双方的混合策略组合 $(\sigma_甲,\sigma_乙)$ 定义了所有可能出现纯策略组合的联合概率分布,即 1/3 概率 $(s_甲^1,s_乙^1)$,1/6 概率 $(s_甲^1,s_乙^2)$,1/3 概率 $(s_甲^4,s_乙^1)$,1/6 概率 $(s_甲^4,s_乙^2)$。每一个纯策略组合则定义了一个确定的博弈结局,对应着双方确定的效用。根据期望效用理论,博彩的效用可以表示为确定结果效用的期望。因此,博弈者在混合策略下的效用便是她在所有可能出现的博弈结局下效用的期望。对应着图 4.7,容易写出甲的期望效用是:$\frac{1}{3}\alpha_1 + \frac{1}{6}\alpha_3 + \frac{1}{3}\alpha_6 + \frac{1}{6}\alpha_8$,而乙的期望效用则为:$\frac{1}{3}\beta_1 + \frac{1}{6}\beta_3 + \frac{1}{3}\beta_6 + \frac{1}{6}\beta_8$。∎

在博弈的扩展式中,效用对应着每个博弈者的最终决策点;而在规范式中,效用对应着纯策略组合。这意味着博弈者最终会止于哪个决策点或其最终效用是多少,不仅取决于自身的策略选择,还取决于对手的策略。因此定义一个博弈者的效用总是从策略组合出发。在一般的情况下,如果所有 N 个博弈者的混合策略组合是 $(\sigma_1,\sigma_2,\cdots,\sigma_N)$,那么博弈者 i 总的期望效用就是:$\sum_{s\in S}[\sigma_1(s_1)\sigma_2(s_2)\cdots\sigma_N(s_N)]u_i(s), i = 1,2,\cdots,N$。其中,$\sigma_1(s_1)\sigma_2(s_2)\cdots\sigma_N(s_N)$ 是纯策略组合 $s=(s_1,s_2,\cdots,s_N)$ 出现的概率,而 $u_i(s)$ 则是博弈者 i 在此纯策略组合之下的效用。注意这里 $\sigma_1,\sigma_2,\cdots,\sigma_N$ 是相互独立的,即博弈者总是独立地选择自己的策略。

以上我们介绍了博弈的两种基本表示方法:扩展式和规范式。每个扩展式都可以转变成唯一的一个规范式,而由于信息集导致博弈结构的变化,每个规范式则有可能对应着多个扩展式。① 我们应根据所研究问题的不同特点来选择不同的博弈表示方法。

---

① 见 Mailath et al.(1993)以及 Elmes 和 Reny(1994)。

§4.3 博弈的分类

对博弈分类，一个很自然的标准就是其进行的步数。根据其步数不同，博弈可以分为**一次同时博弈**(One-shot Simultaneous Game)和**动态博弈**(Dynamic Game)。在一次同时博弈中，所有的博弈者同时采取各自的一种行动，比如一次猜拳。这种博弈也称静态博弈，因为博弈过程没有来回。而在动态博弈中，博弈者采取的行动则具有先后次序，比如下棋。博弈的另一个分类标准是看博弈参与者的类型是否为对手所知。博弈者的不同类型决定了她在相同结局下的不同效用。比如，两个企业的成本(类型)不同，在赢得同一个项目时利润(最终效用)也会不同。如果博弈者的类型是私人信息，那么我们称这种博弈为**不完全信息**(Incomplete Information)博弈；如果博弈者类型为所有人共知，那么这种博弈就是**完全信息**(Complete Information)博弈。

我们在本章第二节已经定义了完美信息与不完美信息的概念，划分它们的标准是看博弈者能否区分对手的行动。完美与不完美信息之所以没有成为划分博弈类型的主要标准，是因为依据它们所作的博弈划分并没有形成独立的博弈解的概念。比如，完美信息动态博弈与不完美信息动态博弈的解都属于同一类型的均衡。下面有必要介绍一下完美信息与完全信息之间的关系。完全与不完全信息主要看博弈者是否能区分对手的类型。图4.8(a)描述的是这样一个博弈：企业 A 有两种进入市场的行动：L 和 R。但市场中的企业 B 并不能分清企业 A 的两种行动。同时 B 也有两种应对措施：l 与 r。这是一个不完美信息博弈。B 如果要决定自己的行动，就必须判断 A 的两个行动究竟会出现哪一个。在不完美信息情况下，这种判断就是两种行动的概率分布。比如，B 认为它遇到行动 L 的可能性是 ρ，遇到行动 R 的可能性是 $1-\rho$，$\rho \in [0,1]$，然后依据期望效用选择自身行动。而图4.8(b)中描述的则是另外一种博弈。这时，企业 A 有两种私人类型，一种是专注行动 L 的类型，一种是专注行动 R 的类型。企业 B 也有两个行动选择：l 与 r，但她不能判断企业 A 的类型。所以这是一个不完全信息博弈。B 只知道企业 A 是 L 类的概率是 ρ，是 R 类的概率是 $1-\rho$。Harsanyi(1967—1968)认为图4.8(b)中的博弈可以转化成图4.8(a)中的博弈。最先是自然(Nature)随机选择了企业 A 的类型，然后是企业 B 开始应对她无法分清类型的企业。由于每一类型的企业其行动事前已固定下来，一个不完全信息博弈(分不清类型)就转变为一个不完美信息博弈(分不清行动)。本书将在第7章对这一内容进行更严格的说明。

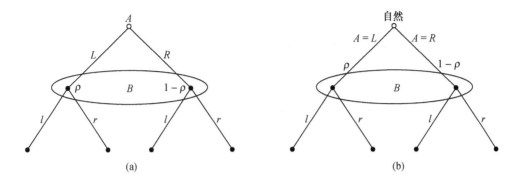

图 4.8 完美信息与完全信息

现在,我们就用博弈是静态还是动态以及是完全信息还是不完全信息这两大标准共同对博弈进行分类。依此,博弈可分为四类:完全信息静态博弈、完全信息动态博弈、不完全信息静态博弈,以及不完全信息动态博弈。每类博弈都对应着不同的解。完全信息静态博弈对应着纳什均衡(Nash Equilibrium);完全信息动态博弈对应着子博弈完美纳什均衡(Subgame Perfect Nash Equilibrium);不完全信息静态博弈对应着贝叶斯纳什均衡(Bayesian Nash Equilibrium);不完全信息动态博弈对应着完美贝叶斯纳什均衡(Perfect Bayesian Nash Equilibrium)。我们将在以下的各章中,分别对这四类博弈进行具体分析。

思 考 题

1. 考虑一个改版的"田忌赛马"。齐王与田忌各自拥有的赛马情况与原故事一样,只是这里:齐王首先出一匹马,田忌能够观察到齐王出了哪种马,他相应出一匹马来与之竞赛;接着田忌又出一匹马,但齐王观察不到田忌的第二次出马,他得选择一匹马来竞赛;最后两人同时出最后一匹马。画出此"田忌赛马"博弈的扩展式与规范式。

2. 五个硬币放在桌面上,甲乙两人轮流从桌面上拿走一个或两个硬币。甲首先开始拿,拿走最后一个硬币的人判为输。问:甲乙各有几个策略?谁拥有一种策略能保证赢?

3. 如图4.9所示,有 A,B,C 三个轮盘。每个轮盘被转动后,停在其包含的三个数字上的概率是相同的。甲首先选择轮盘并将其转动,在轮盘未停时,乙在剩下的两个轮盘中选择一个并转动它。最后,比较两轮盘停下时的数字大小,数字大者胜,并从负者手中赢得100元。

(1) 画出此博弈的扩展式与规范式。

(2) 设参与人为风险中性,此博弈对甲与乙谁更有利?更有利者最多愿出多少钱来

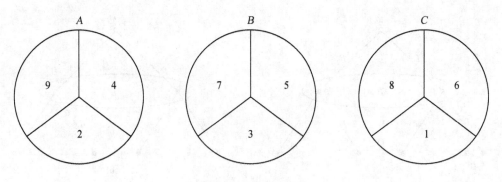

图 4.9 轮盘的选择

玩这个游戏?

4. 考查本章例 3 中的博弈。

(1) 证明:不论乙的策略如何,对于甲的任意行为策略(或混合策略),总有一个混合策略(或行为策略)能产生与之完全相同的博弈结局。

(2) 怎样对博弈中信息集作出某种改动,从而将此博弈变成一个非完美回忆的博弈。在改动后的非完美回忆博弈下,(1)中的命题是否还成立?

参 考 文 献

Elmes, S. and P. J. Reny (1994), "On the Strategic Equivalence of Extensive Form Games", *Journal of Economic Theory* 62: 1—23.

Kuhn, H. (1953), "Extensive Games and the Problem of Information", *Annals of Mathematics Studies* 28, Princetion: Princeton University Press.

Mailath, G. J., L. Samuelson and J. M. Swinkels (1993), "Extensive Form Reasoning in Normal Form Games", *Econometrica* 61: 273—302.

Mas-Colell, A., M. Whinston and J. Green (1995), *Microeconomic Theory*, Oxford University Press.

Owen, G. (1982), *Game Theory*, Academic Press.

第 5 章 完全信息静态博弈

在上一章中，我们介绍了博弈的构成要素和表示方法。现在我们从完全信息静态博弈开始，进入对博弈解法的讨论。博弈的解是博弈论对给定博弈场景下博弈者行为的预测，因此求解博弈是博弈论的核心。要注意的是，本章所介绍的占优策略均衡、纳什均衡以及相关均衡这些解都是根据博弈的规范式来定义的，它们适用于所有类型的博弈。只不过在动态博弈或不完全信息博弈下，后两类均衡未能充分反映博弈者的理性推断，因而将被更为精炼的均衡概念所取代。通过本章的学习，读者应：

- 明确以均衡这一概念作为博弈者行为预测的前提条件。
- 理解占优策略均衡、纳什均衡以及相关均衡的概念，并能在博弈模型下计算这些均衡。

§5.1 博弈解的假设

博弈各种解的概念是建立在两个重要假设基础之上的,一是**理性**(**Rationality**)假设,二是**共同认识**(**Common Knowledge**)假设。理性假设是指:博弈者能够正确计算出各种不同行为组合会带来什么样的结局,并总是采用效用最大化的行为。理性假设并不意味着博弈者总是自利的,她也可能利他,这完全取决于博弈者的效用函数。求解一个博弈往往需要假设许多信息是共同认识,该假设是形成博弈解的关键。那么什么是对一个事实的共同认识呢?下面给出其定义:①

定义 5.1.1 一个事实是共同认识,如果:每个博弈者都知道该事实,每个博弈者都知道每个博弈者都知道该事实,这样无穷推演下去。也就是说,(每个博弈者都知道)^k 每个博弈者都知道该事实,$k=0,1,2,\cdots,\infty$。

仅从定义 5.1.1,我们很难直观理解共同认识的含义以及它要求无穷认知的必要性。下面通过一个例子来说明。A 和 B 准备玩一个牌类游戏,用 R 代表游戏规则,用箭头 "→" 和 "↛" 来表示 "知道" 与 "不知道" 这两种认识状态。我们说只有 R 成为两人的共同认识,游戏才能顺利进行。根据共同认识的定义 5.1.1,这意味着以下所有陈述中如有一个不正确,游戏就得搁浅,以下的 k 对应着定义 5.1.1 中的认知轮数 k。

$k=0$ 1. $A→R$
             2. $B→R$
$k=1$ 1. $A→(A→R)$
             2. $A→(B→R)$
             3. $B→(B→R)$
             4. $B→(A→R)$
$k=2$ 1. $A→(A→(A→R))$
             2. $A→(B→(A→R))$

---

① 见 Aumann(1976)。

$$\vdots$$
$$k = \infty$$

很清楚 $k=0$ 下的两个陈述只要一个不正确,即若 $A \nrightarrow R$ 或 $B \nrightarrow R$,游戏就无法进行。现在假设 $k=0$ 下的陈述都正确,来看 $k=1$ 下的陈述 2。如果 $A \nrightarrow (B \rightarrow R)$,那么对 A 来说,她就不知道 $k=0$ 下的陈述 2. $B \rightarrow R$ 是否正确,即 A 不知道 B 是否知道规则,游戏于是无法正常进行。同样推理可得,只有 $k=1$ 下所有陈述正确,才能保证 A 和 B 均知道 $k=0$ 下的所有陈述正确。现在假设 $k=0,1$ 下的陈述均正确,来看 $k=2$ 下的陈述 2。若 $A \nrightarrow (B \rightarrow (A \rightarrow R))$,$A$ 就不知道 $k=1$ 下陈述 4 的正确性。一般地,只有当 $k=t, t \in \mathbf{N}$ 下所有的陈述正确,才能保证 A 和 B 都知道 $k=t-1$ 下的所有陈述正确。依此类推,游戏要顺利进行下去,$k=1,2,\cdots,\infty$ 下的所有陈述就必须同时正确。

共同认识是通过相互认知关系的无穷推演来定义的。如果认知关系只在有限轮成立,其含义将十分不同。我们再来看一个例子。

例 5.1 猜帽子游戏。两个学生与一个老师一起玩猜帽子的游戏:学生甲与学生乙头上各戴有一顶帽子,帽子只可能是红色或白色,而事实上每个学生戴的都是红帽子。甲乙均可看到对方,但看不到自己帽子的颜色。老师按照先甲后乙的顺序依次问,"你能确定自己头上帽子的颜色吗?"学生只回答能或不能。请问此时两学生的回答各是什么。如果老师进一步宣布,"至少有一顶帽子是红色!"那么两人的回答又各是什么。

解:在老师宣布至少有一顶帽子是红色之前,甲与乙都只能回答不能。但在老师宣布之后,最先问到帽子颜色的甲仍然无法判断,但后问到的乙则可以确定自己帽子颜色了。我们定义"至少有一顶红帽子"为事实 A,在老师宣布事实 A 之前,学生甲与乙通过观察对方的帽子就应知道此事实。那么老师的宣布又提供了什么样的新信息呢?没有老师的提示,两学生只知道事实 A,但并不知道对方也知道事实 A,即他们对于事实 A 的认知关系只在定义 5.1.1 中的 $k=0$ 时成立。而当老师宣布后,事实 A 成为共同认识,认知关系在无穷轮成立。这意味着定义 5.1.1 中的条件在 $k=1$ 时必然成立。当甲表明无法判断帽子颜色后,乙可做如下分析:我知道甲知道事实 A,但她仍无法判断,这表明我戴的一定不是白帽子,因此我头上必是红帽子。■

通过例 5.1 可以看到,对于某个事实,由于认知层次的不同,会导致完全不同的结果,Myerson(1991)对此也有一个类似的例释。① 在博弈论中,我们不仅需要假设博弈构成要素,包括参与人、规则、结局以及效用是共同认识;②一般还要假设博弈者理性以及博弈者策略也是共同认识,这一点我们将在以下各节中展开说明。

建立在理性与共同认识这两个基本假设之上的均衡(Equilibrium)概念描绘了博弈的稳定状态,是博弈的解,也是我们对博弈者行为的预测。在对不同种类的均衡概念进行详细介绍之前,有必要讨论一个重要问题,即用均衡来预测博弈行为是否恰当。回答此问题的关键是看理性与共同认识假设是否符合实际。就理性假设而言,现实中人们对自己的偏好或效用常常不太清楚,对所有的可能及优先次序也许考虑得不全面,对策略的计算则可能出现错误。而现实中的真实场景又要比理论模型复杂得多,所以理性假设经常受到挑战。共同认识假设一样存在问题。我们假设博弈者形成共同认识的信息很多,包括博弈各构成要素、博弈者理性以及策略。但我们对博弈者是如何形成这些共同认识的却知之甚少,有时只能将其简单地归因于内省(Introspection)。在没有研究出更为先进的工具之前,博弈均衡作为分析人们在相互依存状态下的行为的基准点(Benchmark),作为我们根据现实进行调整预测的起点,还是很有意义的。对理性与共同认识这两个假设的弱化与扩展研究将是博弈论领域的重要内容,这方面的代表有 Kreps(1990)、Fudenberg 和 Levine (1998)以及 Rubinstein (1998)等。

§5.2 三类特殊的策略

在进入一般博弈的均衡概念之前,我们先介绍三类特殊的博弈策略,即占优策略、劣策略和可理性化策略。运用这些策略,我们可以直接对博弈者行为进行预测。

§5.2.1 占优策略

一个著名的例子就是囚徒困境:两个盗贼在一起作案时被抓并被分开受审。如果两人都招供了,各判 5 年;如果只有一个招供,那么招者判 1 年,未招者判 10 年;如果两人都

---

① Myerson(1991,第 65—67 页)。
② 注意在猜帽子游戏中,老师宣布事实 A 之前,甲与乙已经形成对整个游戏构成要素的共同认识,只是对事实 A 还未形成共同认识。

没招供,两人只判 2 年。如何对这两个囚徒的行为进行预测呢?这个博弈可以用图 5.1 中的规范式来表示。每个囚徒都有两个策略:招与不招。如果甲招了,乙应该招,因为如果他不招,他会被判 10 年,而招了则只判 5 年;如果甲不招,乙也应该招,因为不招可以只判 2 年,但招了只有 1 年刑期。以上分析的结论是:无论甲招不招,乙的最优策略都是招。我们称乙的这种策略为**严格占优策略**(Strictly Dominant Strategy)。

定义 5.2.1 在一个 N 人博弈中,博弈者 i 的策略 s_i 是一个严格占优策略,当且仅当:对于其所有对手的任何策略 $s_{-i} \in S_{-i}$,任意 $s_i' \neq s_i$,都有 $u_i(s_i, s_{-i}) > u_i(s_i', s_{-i})$,$i = 1, 2, \cdots, N$。

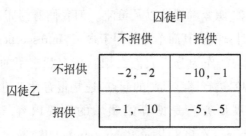

图 5.1 囚徒困境版本 1

如果面对对手的任何策略组合 s_{-i},博弈者 i 的策略 s_i 都比其他策略带来的效用高,那么 s_i 就是严格占优策略。如果 s_i 带来的效用不比其他策略的少,那么 s_i 就是**占优策略**(Dominant Strategy),占优策略包括了严格占优策略。严格占优策略显然是对博弈者行为的合理预测。在囚徒困境博弈中,招供都是甲和乙的严格占优策略。因此,两人均招供是我们对博弈结果的预测。在给定博弈中,如果每个博弈者都有一个(严格)占优策略,那么每个人都执行各自的(严格)占优策略的状态就构成一种特殊的均衡,称为**(严格)占优策略均衡**((Strictly)Dominant Strategy Equilibrium)。

定义 5.2.2 在一个 N 人博弈中,策略组合 $(s_1^*, s_2^*, \cdots, s_N^*)$ 是一个(严格)占优策略均衡,当且仅当:每个博弈者 i 的策略 s_i^* 都是一个(严格)占优策略,$i = 1, 2, \cdots, N$。

在囚徒困境博弈中,两人均招供是一个严格占优策略均衡。它说明在追求个人效用最大化的目标驱使下(追求 -1),甲乙陷入了一个对双方来说都很差的状态 $(-5, -5)$,而两人本可以合作达到 $(-2, -2)$ 的结局,这就是囚徒面临的所谓困境。囚徒陷入困境的原因在于一个囚徒从不招转变为招供,个人会减刑 1 年,但同时增加同伙刑期 8 年,这是该囚徒施加于同伙的负的外部性。[①] 只有消除这种外部性,才能改善囚徒困境的均衡结果,有效的方法包括建立攻守同盟,如谁违约将有额外的惩罚等。注意,任何新的因素引入都会导致最初模型的改变。如果忠实于最初模型(无消除外部性的行动),囚徒是无法跳出其困境的。(严格)占优策略均衡不用假设博弈者策略是共同认识,甚至不用假设博弈者理性是共同认识,所以用它来预测博弈者行为是比较准确的。然而在很多博弈中,却并不存在这种均衡。下面的图5.2就是这么一个例子。

§5.2.2 劣策略

我们将以上原始的囚徒困境博弈称为版本1,图5.2中是它的一种改版,称做版本2。版本2与版本1完全相同,除了在一种情况之下:当两人都不招供时,囚徒乙将被释放,而囚徒甲还是判2年。这意味着版本2中,我们假定法官偏袒囚徒乙。这时,招供对囚徒乙来说不再是一个严格占优策略,也不存在(严格)占优策略均衡。我们应如何作出预测呢?可以将占优策略的思想进行一下扩展,定义(**严格**)**劣策略**((**Strictly**) **Dominated Strategy**)。一个博弈者的占优策略是指该策略在任何情况下都比其他策略要好(或一样),而劣策略则是指博弈中总存在着一个其他策略在任何情况下都比该策略更好(或一样)。因此,在理性假设下,博弈者都会选择占优策略,同时摒弃劣策略。

图5.2 囚徒困境版本2

定义 5.2.3 在一个 N 人博弈中,博弈者 i 的策略 s_i 是一个严格劣策略,当且仅当:对于其所有对手的所有策略 $s_{-i} \in S_{-i}$,博弈者 i 存在一个策略 $s_i' \in S_i$,使得 $u_i(s_i, s_{-i}) < u_i(s_i', s_{-i})$;策略 s_i 是一个劣策略,当且仅当 $u_i(s_i, s_{-i}) \leq u_i(s_i', s_{-i})$,$i = 1, 2, \cdots, N$。

[①] 外部性指的是某人一种行为不仅影响其自身的效用,同时也影响到其他人的效用。在存在外部性的情况下,以个人追求效用最大化为基础的市场经济不能带来社会最优的结果,将会产生市场失灵,这就需寻求政府干预。

这样，虽然对囚徒乙来说版本2中没有占优策略，但我们就可以通过剔除劣策略的方法来推出最终博弈者会执行的行为。严格劣策略的剔除是没有问题的，但劣策略在没有其他附加条件的情况下则不应剔除，因为至少存在一种情形使其不比别的策略差。根据定义5.2.3，在囚徒困境版本2中，囚徒乙没有严格劣策略，而囚徒甲则有一个，即不招供。所以我们可以把甲不招供这一策略剔除，甲必会选择招供。而乙一个策略都没剔除，剔除劣策略的方法仍然没能推出唯一预测。但是，我们还可以作进一步推理：在甲没有剔除劣策略之前，乙没有严格劣策略可供剔除；一旦甲剔除了不招供之后，乙的严格劣策略就出现了，即不招供，这时乙应予以剔除。这样，经过两轮严格劣策略的剔除，两人均招供就成为唯一的结果了。这里使用的方法称为严格劣策略的轮流剔除。

一般来说，一轮剔除不用假设博弈者知道对方理性，两轮剔除则需假设一方知道对方理性，三轮则需假设一方不仅知道对方理性，同时还知道对方知道自己理性……若想使剔除能够无限继续下去，我们只需假设博弈者理性为共同认识即可。因此，应用严格劣策略的轮流剔除比应用严格占优策略均衡要求博弈者对对手的理性有更高的认知度。另外，严格劣策略的轮流剔除应用也比较有限，因为大多数博弈中都没有严格劣策略。[①]我们需要提出一个适用范围更为广泛的概念。

§5.2.3 可理性化策略

可理性化策略（Rationalizable Strategy）就是一种能在任何博弈中都存在的策略。为了定义它，我们首先给出另外一种策略，即**非最优回应策略**（Non-best-response Strategy）的定义。在一个博弈中，非最优回应策略是一种无论博弈者的对手如何选择，它都不会成为该博弈者最优回应的策略（允许混合策略）。以下是它的严格定义。

定义5.2.4 在一个N人博弈中，博弈者i的策略σ_i是非最优回应策略，当且仅当：对于其所有对手的任意策略组合$\sigma_{-i} \in \Delta(S_{-i})$，博弈者$i$总有一个策略$\sigma_i' \in \Delta(S_i)$，使得$u_i(\sigma_i, \sigma_{-i}) < u_i(\sigma_i', \sigma_{-i})$，其中$\Delta(S_i)$和$\Delta(S_{-i})$分别表示博弈者$i$和她所有对手的混合策略集合，$i=1,2,\cdots,N$。

[①] 我们还可以将严格劣策略的剔除再向前推进一步，即将定义5.2.3扩展到允许混合策略的环境，我们只需将定义5.2.3中所有代表纯策略的s替换成代表混合策略的σ即可。一个重要结论是：对于某个纯策略，可能没有其他纯策略在任何情况下都比它好，但却能存在一个混合策略在所有情况下都比该纯策略好，那么此纯策略仍应作为严格劣策略被剔除。

非最优回应策略比严格劣策略常见一些,严格劣策略要求博弈中总存在一个在任何情况下都强于它的策略,而非最优回应策略只要求在每种情况下总有一个(不用相同)超过它的策略即可。因此,一个博弈的非最优回应策略集合包含了严格劣策略集合,反之则不然。① 一个理性博弈者是不会执行非最优回应策略的,因为不论对手选择什么,总有一个其他策略比它强。当博弈者理性是共同认识时,我们就可以轮流剔除掉非最优回应策略,之后剩下的策略则称做可理性化策略。对于博弈者 i 的任一可理性化策略 σ_i 来说,我们总可以找到其对手的一种策略组合 σ_{-i},使得 σ_i 是对 σ_{-i} 的最优回应,所以博弈者 i 选择策略 σ_i 就是可以理喻(可理性化)的。我们将每个博弈者的可理性化策略所形成的策略组合看做是对博弈者行为的预测。

从定义上看,占优策略集合⊂可理性化策略集合⊂轮流剔除严格劣策略后的策略集合。② 一方面,可理性化策略普遍存在;另一方面,可理性化策略集合往往元素众多,用它来预测博弈结果显得过于宽泛。我们来看图 5.3 中的博弈"性别之战",它说的是一对夫妇面对逛商店和打网球这两种休闲方式,从中选择一种的决策场景。男士偏爱打网球,女士偏爱逛商店,但双方一起活动总是比分开活动好。两人的选择是在无交流前提下同时作出的,如何预测双方的行为呢? 在此博弈中,打网球和逛商店都不是(严格)占优策略,所以没有(严格)占优策略均衡。同时,两纯策略也不是严格劣策略,无法运用严格劣策略的轮流剔除。由于两纯策略及其随机混合均不是非最优回应策略,因此两人的可理性化策略组合将包括博弈的所有四种结局及其随机混合。这使我们无法作出任何预测。对于"性别之战"博弈,我们下面将要介绍的博弈均衡概念——**纳什均衡**(**Nash Equilibrium**),将会作出更为精确的预测。

图 5.3 性别之战

---

① 在博弈者均只有两个纯策略的博弈中,非最优回应策略与严格劣策略是相同的。
② 注意,在给定博弈下,轮流剔除严格劣策略或非最优回应策略的顺序并不影响最终得到的集合。

§5.3 纳什均衡

§5.3.1 纳什均衡的概念

纳什均衡是非合作博弈最基本的解,以后的各种均衡概念,如子博弈完美纳什均衡、贝叶斯纳什均衡等,都是从它衍生而来。在"性别之战"博弈中,存在着纳什均衡。我们先给出它的定义如下:

定义 5.3.1 在一个 N 人博弈中,策略组合 $s=(s_1,s_2,\cdots,s_N)$ 构成一个纳什均衡,当且仅当:对于每一个博弈者 $i,i=1,2,\cdots,N$,其策略 s_i 是对策略组合 s 中的其他所有博弈者策略 s_{-i} 的最优回应,即对任意 $s_i' \in S_i, u_i(s_i, s_{-i}) \geqslant u_i(s_i', s_{-i})$。

我们可以从以下几点来理解定义 5.3.1。首先,纳什均衡是所有博弈者的一个策略组合,一个均衡对应着一种组合。其次,一种策略组合要成为纳什均衡,必须使这个组合中的每个策略都与其他策略构成相互最优反应(Mutual Best Response)。以一个三人博弈策略组合 $s=(s_1,s_2,s_3)$ 为例,s 成为纳什均衡要求以下三个条件同时满足。固定 (s_1,s_2),s_3 将是对应于它们的最优策略;固定 (s_1,s_3),s_2 将是对应于它们的最优策略;而固定 (s_2,s_3),s_1 则将是对应于它们的最优策略。一旦 (s_1,s_2,s_3) 实现了相互最优,所有博弈者都将不会单方面改变策略,因此形成均衡状态。最后,纳什均衡的实现要求所有博弈者的均衡策略是共同认识。这意味着每个博弈者都必须正确预见到其他博弈者的均衡策略,同时也知道对手能预见到自己的策略,也知道对手知道……只有这样,定义 5.3.1 的均衡才可以实现的。这一假设显然是非常严格的。(严格)占优策略均衡不需要这一假设,但该类均衡的存在并不普遍。可理性化策略组合也不需要此假设,但它可接纳的策略组合又太多。而纳什均衡虽然假设较严格,却能在很大程度上解决均衡的存在性问题,另外均衡数目也相对较少。

我们在深入均衡存在性与唯一性问题之前,先运用定义 5.3.1 找出"性别之战"中的纯策略纳什均衡。此博弈中有两个纯策略纳什均衡。一个是(男:打网球;女:打网球),另一个是(男:逛商店;女:逛商店)。其验证方法如下:当男子选择网球时,女子的最优回应是网球(选择商店效用为0);当女子选择网球时,男子的最优回应也是网球(选择商店效用为0),因此(男:打网球;女:打网球)构成一对相互最优反应,即纳什均衡。同样方法可以证明(男:逛商店;女:逛商店)也是一个纳什均衡。这两个均衡称为纯策略纳什均衡,因为每个博弈者采用的都是纯策略。纳什均衡同样接纳混合策略,对定义5.3.1稍做扩展即是混合策略纳什均衡的定义。

定义5.3.2 在一个N人博弈中,混合策略组合$\sigma = (\sigma_1, \sigma_2, \cdots, \sigma_N)$构成一个纳什均衡,当且仅当:对于每一个博弈者$i, i = 1, 2, \cdots, N$,其混合策略$\sigma_i$是对混合策略组合$\sigma$中的其他所有博弈者策略$\sigma_{-i}$的最优回应,即:对任意$\sigma_i' \in \Delta(S_i)$,$u_i(\sigma_i, \sigma_{-i}) \geq u_i(\sigma_i', \sigma_{-i})$,其中$\Delta(S_i)$是博弈者$i$所有混合策略的集合。

定义5.3.2与定义5.3.1在含义上是完全相同的,它只不过将每个博弈者的可选策略集合从纯策略集合推广到混合策略集合。如果将纯策略看做混合策略的一种特殊情况,那么定义5.3.1也可看做是定义5.3.2的特殊情况。在"性别之战"中,存在一个混合策略纳什均衡,即(男:3/4概率打网球,1/4概率逛商店;女:3/4概率逛商店,1/4概率打网球)。我们将在下一节详细介绍混合策略纳什均衡(均衡概率)的求解,这里只运用定义5.3.2对其作出验证:当男子采用3/4概率打网球和1/4概率逛商店的混合策略时,假设女子的回应是x概率打网球和$1-x$概率逛商店,这时女子的效用是$\frac{1}{4} \times (1-x) \times 3 + \frac{3}{4} \times (1-x) \times 0 + \frac{1}{4} \times x \times 0 + \frac{3}{4} \times x \times 1 = \frac{3}{4}$。这意味着女子无论采用什么混合策略,效用都是个常数,她3/4概率逛商店和1/4概率打网球自然也是一个最优回应。同样方法可以发现,当女子采用3/4概率逛商店和1/4概率打网球的混合策略时,男方效用也会是个常数,即他3/4概率打网球和1/4概率逛商店也是一个最优回应。因此,(男:3/4概率打网球,1/4概率逛商店;女:3/4概率逛商店,1/4概率打网球)就构成一个纳什均衡,而且是唯一的混合策略纳什均衡。

§5.3.2 应用纳什均衡的合理性

纳什均衡是对一个博弈中博弈者行为的预测。之所以称为均衡,是因为它稳定。在均衡之下,没有博弈者会单方面偏离,因为偏离将无法提高博弈者的效用。至于纳什均衡是如何达到的,以及纳什均衡是否是博弈行为的准确预测,如前文所述,还需进一步研究。Myerson(1991)认为,假定模型正确,纳什均衡下的行为可能包括准确或不准确的预测,但一切非均衡下的行为都将是不准确的预测。[①] Myerson这一论断的前提是均衡策略已是博弈各方的共同认识。下面我们来讨论一下这个重要前提。

对于一个博弈模型的构成要素,比如,博弈参与人、博弈规则、结局以及效用等形成共同认识,我们是可以理解的,虽然我们并不完全清楚这些共同认识形成的具体途径。但对于模型的内生变量,即博弈者的行为选择形成共同认识,我们不仅无法理解它是如何形成的,也无法确定它是否能够和已经形成。当对这个重要前提心存疑问时,我们选择纳什均衡策略在现实中还是合理的吗?来看一下如果真实处于"性别之战"博弈中时(注意不要改模型),我们实际的选择过程是什么。假设女子随意选择一个策略(x概率逛商店)。当被问到为什么作此选择时,她会说她相信男子将(1/2概率逛商店,1/2概率打网球)。但此信念并没有依据,事实上她形成的所有信念都将是主观而缺乏支撑的。由于无法确定信念的共同认识在相互依存场景下是否形成,基于信念的选择在逻辑思维框架下就无法进行。

尽管如此,我们必须以某种方式作出选择。唯一办法就是跳出评估某个信念是否合理的框架,直接接受各方将会选择纳什均衡策略这一信念。既然选择其他策略也没有理由,就直接选择纳什均衡策略了,因为这样至少可实现两点:一是纳什均衡达成了一种妥协(Compromise),它是考虑双方利益(至少是相互最优)后的一种行为选择;二是纳什均衡是一个无后悔(non Regret)行为,执行后双方不会后悔以前的选择(因为已是相互最优了)。如果我们接受这两点,选择纳什均衡策略便会是博弈各方的共同认识,而这一信念就将使纳什均衡成为事实上的结局。

另一个困扰博弈论研究者的问题是多均衡现象。通过以上分析,我们看到"性别之战"博弈有两个纯策略和一个混合策略纳什均衡,那么哪一个均衡才是最佳预测呢?这就涉及均衡的精炼(Refinement)与选择(Selection),它们是剔除不合理均衡的方法,我们在此并不作详细讨论,那将是第9章的内容。最后还要注意的一个问题是:在其他类型的博弈中,如完全信息动态博弈、不完全信息动、静态博弈等,都大量存在着纳什均衡,只不过一般纳什均衡在这些博弈中将会被一些更为精细的均衡概念所精炼掉。

现在我们将目前介绍的均衡概念稍作总结。从包含关系上看,混合策略纳什均衡包含纯策略纳什均衡,纯策略纳什均衡又包含(严格)占优策略均衡。从假设条件上看,两种纳什均衡的要求最严格,都要假设博弈规则以及博弈者理性与策略为共同认识。(严格)占优策略均衡所需假设最少,只需假设博弈规则是共同认识。均衡的假设越少,均衡

[①] Myerson (1991,第108页)。

概念就越接近于实际,但它出现的可能也越少,这正是研究中的一个矛盾。

§5.3.3 纳什均衡的存在性

运用博弈论分析问题一般有两个步骤,首先是建立博弈模型,即定义博弈参与者、博弈规则、结局以及效用;然后是找出模型下的纳什均衡,以作为对博弈者行为的预测。为了准确预测博弈者行为,我们希望模型下的均衡总是存在的,同时存在的均衡又是唯一的。这一节我们只讨论均衡的存在性,唯一性在第9章详细介绍。

纳什均衡之所以能够得以广泛应用,一个重要原因就是它存在于大量的博弈模型中。定理5.3.1给出了纳什均衡的存在性结论。

定理5.3.1 在一个有限个博弈者的博弈中,如果每个博弈者可选的纯策略个数是有限的,那么该博弈中总存在着一个混合策略纳什均衡。

下面介绍一下证明定理5.3.1的基本思路。运用不动点定理证明存在性问题是数学上的常用方法,不动点定理有很多不同版本,比如Banach不动点定理、Brouwer不动点定理和Schauder不动点定理等。Nash(1950)证明纳什均衡存在性时,运用的则是**Kakutani不动点定理**。[①]

图5.4描述的是一个最基本的不动点定理:如果连续函数$f(x)$在闭区间$[a,b]$上的值也属于该区间,那么$f(x)$在该区间内就存在一个不动点,即有一个x^*,使得$f(x^*) = x^*$。函数关系$f(\cdot)$将一个点x^*映射到它自身,因此x^*称为不动点,在图5.4中则表现为$f(x)$与45度线总有一个交点。

Kakutani不动点定理说的则是:一个集合S是非空、紧的凸实数集,如果对应关系$b: S \to S$是上半连续,而且对于任意$s \in S, b(s) \subset S$是非空的凸集,那么$b(\cdot)$就存在一个不动点s^*,即$s^* \in b(s^*)$。可见,Kakutani不动点定理将图5.4中的一维闭区间$[a,b]$扩展成一个紧的凸实数集,将函数关系扩展为一个对应关系,将连续性条件扩展为上半连续条件。[②] 那么纳什是如何运用Kakutani不动点定理来证明均衡的存在性呢?

[①] 应用Brouwer不动点定理证明纳什均衡的存在性可参见Jehle和Reny(2001)。

[②] 一个联系集合$D \subset \mathbf{R}^N$与紧集$Y \subset \mathbf{R}^K$的对应关系$g: D \to Y$是上半连续的,如果:对于任意两个序列$x^t \to x \in D$,$y^t \to y$,当对所有的$t, x^t \in D$,且$y^t \in g(x^t)$时,我们总有$y \in g(x)$。而g是下半连续的,如果:对任意序列$x^t \to x \in D$,且对所有的$t, x^t \in D$,那么对每个$y \in g(x)$,总存在一个序列$y^t \to y$及整数T,使得$t > T$时,$y^t \in g(x^t)$。

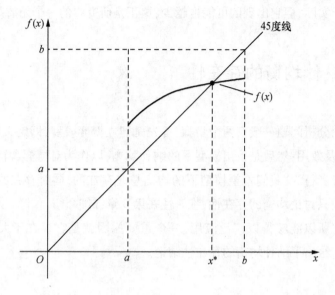

图 5.4　最基本的不动点定理

纳什构造了从策略组合集合 ΔS 到其自身的一个对应关系 $b: \Delta S \to \Delta S$，其中 ΔS 是所有博弈者的混合策略集合，即 $\Delta S = \Delta(S_1) \times \Delta(S_2) \times \cdots \times \Delta(S_N)$，$\Delta(S_i) \subset \mathbb{R}^M$，$i=1, 2, \cdots, N$。此对应关系的结构为：$b(\sigma_1, \sigma_2, \cdots, \sigma_N) = b_1(\sigma_{-1}) \times b_2(\sigma_{-2}) \times \cdots \times b_N(\sigma_{-N})$。其中，$b_i(\sigma_{-i})$ 是博弈者 i 对其他所有博弈者的策略组合 σ_{-i} 的最优回应，$i=1,2,\cdots,N$。根据定义 5.3.1，纳什均衡就是对应关系 $b(\cdot)$ 的一个不动点，因为所有人的策略都是对其他人策略的最优回应。

接着就要应用 Kakutani 不动点定理来证明 $b(\cdot)$ 存在不动点。(1) 当博弈者人数及纯策略个数有限时，混合策略集合 $\Delta(S_i)$ 以及 ΔS 是紧和凸的。(2) 允许混合策略使得效用函数 $u_i(\cdot)$ 对所有博弈者策略都连续，且对自己的策略 σ_i 还是拟凹(Quasiconcave)。① (3) 由于 $b_i(\cdot)$ 是在紧集 $\Delta(S_i)$ 上对连续的效用函数 $u_i(\cdot)$ 所求的最值，根据定理 2.2.2，$b_i(\cdot)$ 非空，因此 $b(\cdot)$ 非空。(4) 因为 $u_i(\cdot)$ 相对自身策略 σ_i 拟凹，而可选策略集 $\Delta(S_i)$ 为凸，所以最值集合 $b_i(\cdot)$ 为凸，从而 $b(\cdot)$ 也为凸。② (5) 连续的效用函数 $u_i(\cdot)$ 使得 $b_i(\cdot)$ 上半连续，因此 $b(\cdot)$ 也是上半连续的。③ 这样，Kakutani 不动点定理

---

① 定义于凸集 $A \subset \mathbb{R}^M$ 上的函数 $f: A \to \mathbb{R}$ 是拟凹的，如果集合 A 的上边界集 $\{x \in A | f(x) \geq r\}$ 也是凸集。
② 此结论来自如下定理：对于定义在凸集 $A \subset \mathbb{R}^M$ 上的拟凹函数 $f: A \to \mathbb{R}$，其最(大)值集合是凸的。
③ 令 $\underline{\sigma_i^t \in b(\sigma_{-i}^t)}$，这意味着对于所有 $\sigma_i' \in \Delta(S_i)$，$u_i(\sigma_i^t, \sigma_{-i}^t) \geq u_i(\sigma_i', \sigma_{-i}^t)$。因为 $u_i(\cdot)$ 连续，所以当 $(\sigma_i^t, \sigma_{-i}^t) \to (\sigma_i, \sigma_{-i})$ 时，$u_i(\sigma_i^t, \sigma_{-i}^t) \to u_i(\sigma_i, \sigma_{-i})$，$u_i(\sigma_i', \sigma_{-i}^t) \to u_i(\sigma_i', \sigma_{-i})$。这样，$u_i(\sigma_i, \sigma_{-i}) \geq u_i(\sigma_i', \sigma_{-i})$，即 $\underline{\sigma_i \in b(\sigma_{-i})}$，所以 $b_i(\cdot)$ 是上半连续的。

所需条件均得以满足,纳什均衡存在。

定理5.3.1中的存在性对应的是混合策略纳什均衡,而下面的定理则给出了纯策略纳什均衡的存在条件,它不用概率混合,但对纯策略集合以及效用函数附加了更多要求。

定理5.3.2 在一个有限个博弈者的博弈中,如果每个博弈者的纯策略集合是非空、紧的凸集,且每个博弈者的效用函数对于所有博弈者的纯策略都是连续的,而对自己的纯策略还是拟凹的,那么此博弈存在一个纯策略纳什均衡。

定理5.3.2的证明和定理5.3.1基本相同,只不过纯策略集合以及效用函数所需具有的特性取代了混合策略的作用。注意,本节的两个定理都给出了纳什均衡存在的充分条件,而当这些条件没有满足时,并不一定说明均衡就不存在。我们在下一节中就将看到这样的例子。

§5.4 纳什均衡的计算

当我们建立了博弈模型之后,接下来一个艰难的工作就是找出模型下的纳什均衡。现在还没有一个统一规范的方法来解所有的博弈模型,寻找纳什均衡因此是一个富有创造性的活动。本节我们将就几个典型例子来介绍一些常用的求解纳什均衡的方法。

1. 枚举法

对于博弈者人数以及每个博弈者的可选策略数都是有限的博弈,策略组合的个数是有限的,因此对每种策略组合依据定义5.3.1进行逐个判断是寻找纯策略纳什均衡的简单而机械的方法。

例5.2 鹰鸽博弈。图5.5中是常见的鹰鸽博弈中的一种情况。甲乙两人都有侵略的鹰派策略与和平的鸽派策略两种选择,鹰派策略对鹰派策略导致两败俱伤,鹰派策略对鸽派策略则侵略方得益,鸽派策略对鸽派策略则使双方和平共处。请找出纯策略纳什均衡。

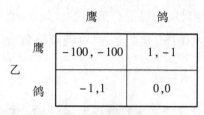

图 5.5　鹰鸽博弈

解：一个形象说明鹰鸽博弈的例子就是两人开车狭路相逢，是向对方冲过去，还是退而让其道。鹰鸽博弈一共有四种策略组合，我们可以逐个判断是否为纳什均衡。对于(甲:鹰;乙:鹰)组合，任一方都会转向鸽派策略，所以不是纳什均衡。对于(甲:鸽;乙:鸽)组合，任一方则会转向鹰派策略，所以也不是纳什均衡。最后只剩下一个人采取鹰派策略，另一个人采取鸽派策略的两种情况，即(甲:鹰;乙:鸽)和(甲:鸽;乙:鹰)。可以证明这两种策略组合都是纯策略纳什均衡。■

2. 策略等值法

在鹰鸽博弈中是否还存在着混合策略均衡呢？策略等值法是求出有限博弈中混合策略均衡的一个简便方法。在鹰鸽博弈中，假设乙使用一个混合策略，即用 x 的概率实行鹰派策略，$1-x$ 的概率实行鸽派策略，$x \in (0,1)$。而甲则分别以 y 和 $1-y$ 的概率来执行鹰派与鸽派策略，$y \in (0,1)$。甲与乙的这两个混合策略要成为纳什均衡的必要条件是：给定乙(甲)的混合策略，不论甲(乙)实行两种纯策略中的哪一种，甲(乙)的效用总应一样。如若不然，甲(乙)总会增加带来高效用纯策略的概率，减少带来低效用纯策略的概率，从而提高其总效用。这就意味着她以前的混合策略并不是一个最优回应，因为还存在着改善的空间。

根据以上推理，我们可以列出等式：$x(-100)+(1-x)1=x(-1)+(1-x)0$。等式左边是甲执行鹰派策略的效用，右边是甲执行鸽派策略的效用。可以求出 $x=1/100$，所以纳什均衡下的混合策略要求乙以 1/100 的概率做鹰派，99/100 的概率做鸽派。由于甲乙在博弈结构上的对称，甲的均衡混合策略与乙相同。因此(甲:1/100 概率鹰派,99/100 概率鸽派;乙:1/100 概率鹰派,99/100 概率鸽派)构成一个混合策略纳什均衡。我们将以上方法推广到一般情况，就是定理 5.4.1。

定理 5.4.1　在一个 N 人博弈中，$\sigma=(\sigma_1,\sigma_2,\cdots,\sigma_N)$ 是一个混合策略组合，用 $\overline{S}_i$ 表示博弈者 i 在其混合策略 σ_i 中使用的所有正概率纯策略的集合，那么 σ 构成一个混合策

略纳什均衡的必要条件是:对于所有的 $i=1,2,\cdots,N$,对于所有的 $s_i, s_i' \in \overline{S}_i, u_i(s_i, \sigma_{-i}) = u_i(s_i', \sigma_{-i})$。

3. 联立方程法

对于纯策略集合是连续的博弈,比如例 5.3 中的古诺(Cournot)模型,存在性定理 5.3.1 并不适用,因为每个博弈者可选纯策略个数不是有限的。注意定理 5.3.2 则可以适用,因此古诺模型存在着纯策略纳什均衡。那么如何找到该均衡呢?当博弈者的效用函数对于策略来说是连续可导时,我们一般可以依据最优化一阶条件建立联立方程组来求解。

例5.3 古诺模型。在古诺模型中,两个无合谋的寡头共同为一市场提供相同产品。它们只能同时选择自己的产量 Q_1, Q_2,不能选择市场价格。市价由整个市场的需求函数 $P(Q) = a - bQ$ 以及总供给 $Q = Q_1 + Q_2$ 共同决定,$a, b > 0$。每个厂商的边际成本不变,总为 C。请问纳什均衡是什么?

解:厂商的策略表现为其选择的产量,因此其策略集为非负实数集,其效用函数为总利润。这时,厂商 1 的利润是 $\pi_1 = [a - b(Q_1 + Q_2)]Q_1 - Q_1 C$。给定对手产量 Q_2 不变,厂商 1 利润最大化的必要条件是 $\partial \pi_1 / \partial Q_1 = 0$,即 $a - 2bQ_1 - bQ_2 - C = 0$。根据两厂商在博弈模型下的对称性,厂商 2 的最优化条件是:$a - 2bQ_2 - bQ_1 - C = 0$。将两个条件联立,可以解得纳什均衡下的产量为 $Q_1^* = Q_2^* = \dfrac{a-C}{3b}$。可以检验 (Q_1^*, Q_2^*) 构成一对相互最优回应。∎

4. 试错归纳法

在有些博弈中,比如例 5.4 中的伯川德(Bertrand)模型,每个博弈者的策略个数并非有限,同时效用函数相对于策略也不连续,定理 5.3.1 和定理 5.3.2 中均衡存在的充分条件均不满足。然而该博弈确实存在着纳什均衡。由于博弈者的效用函数对策略并不可导,通过求导建立联立方程的方法无法使用。没有一般的方法来解这类博弈,我们只能从某个策略出发进行尝试,以求发现规律从而猜出纳什均衡,最后用定义证明我们的猜测。

例5.4 伯川德模型。伯川德模型也是两个边际成本为 C 的无合谋寡头为同一市场提供相同产品。这时它们不能选择产量,只能同时选择价格 P_1 和 P_2。产量由两厂商定价及市场总需求共同决定:当 $P_1 > P_2$ 时,整个市场为厂商 2 所得,市场总需求为 $D(P_2)$,需求函数 $D(\cdot)$ 是价格的减函数;当 $P_2 > P_1$ 时,整个市场归厂商 1,市场总需求为 $D(P_1)$;当

$P_2 = P_1$ 时,两厂商平分市场,即每人各得需求 $\frac{1}{2}D(P_1)$。请问纳什均衡是什么?

解:我们先从厂商 1 和 2 统一定价 $\tilde{P} > C$ 出发,看看此情况是否稳定。假定厂商 1 不变,显然厂商 2 有一个更好的策略 $\tilde{P} - \varepsilon$,ε 是一个尽可能小的正数。这会导致厂商 2 的单位产品收入下降 ε,但销量翻番,从而总利润上升。纳什均衡要求任一厂商没有提高利润的机会,那么当厂商 1 的价格 $\tilde{P}$ 为多少时,厂商 2 的策略 $\tilde{P} - \varepsilon$ 不能促进利润呢?只有 $\tilde{P} \le C$ 时,厂商 2 进一步降价不再是最优回应,因为会带来负利润。从任一厂商角度思考,当 $\tilde{P} > C$ 时,对手总有改善机会,而当 $\tilde{P} < C$ 时,自己又将是负利润。所以均衡下的厂商只能选择 $\tilde{P} = C$,于是我们猜测两厂商统一定价为成本 C 应是一个纳什均衡。它的证明只是定义 5.3.1 的一个直接应用。■

§5.5 相关均衡

在本章所介绍的博弈中,参与人均在无交流的状态下独立作出各自的选择。纳什均衡则是用来预测此类场景下博弈结果的概念。很多时候,博弈者虽不能交流,但可通过某种公共装置来协调行为。如果将这种协调过程明确地写入模型,原有模型将变得十分复杂。而当这种协调只是隐含于博弈模型之外时,博弈者的均衡行为将可以由一个新的概念来描述,即**相关均衡**(**Correlated Equilibrium**),它由 Aumann(1974)首先提出。下面我们仍以性别之战博弈为例,开始对此概念的介绍。

在图 5.3 的性别之战博弈中,共有两个纯策略和一个混合策略纳什均衡。在混合策略均衡下,博弈者的期望效用是 3/4,低于纯策略均衡下所获得的效用。那么,是否有方法获得比混合策略或纯策略均衡更高的效用呢?考虑这样一种行为方式:中午 12 点前每人都选择打网球,而中午 12 点后则都选择逛商店。假设此性别之战博弈随机发生于一天中任一时点,即发生在中午 12 点前与 12 点后的概率均为 1/2。这样,本来独立进行的策略选择,就通过两人均可观察到的公共时间信号相互关联起来。只要一方坚持此行为方式,另一方便不应该偏离。这种通过公共随机信号形成的相互最优博弈行为,我们称为相关均衡。在此相关均衡下,性别之战的博弈者可得期望效用 2,比原混合策略与一个纯策略纳什均衡下的效用要有所提升。这里,双方收到的信号是公开的,只要双方根据信号采取行动的规则是共同认识,彼此就能确定对方的行为选择。在公共信号条件下,一个相关均衡总是博弈中所有纳什均衡的一种线性组合,因此它总可达到,但不能超出纳什均衡效用凸包(Convex Hull)中的任意效用点。[1]

有没有什么协调方法能使博弈者的效用超出纳什均衡效用凸包呢？答案是肯定的。我们来看鹰鸽博弈一例，它的均衡效用凸包是图5.6中的线段AB。如果运用上段所述以中午12点为分界线的公共信号协调，每个博弈者的期望效用为0，仍在凸包里。现在引入一个中间人，她用0.499的概率告诉甲选鹰同时告诉乙选鸽；用0.499的概率告诉乙选鹰同时告诉甲选鸽；用0.002的概率告诉甲乙都选鹰。博弈双方只收到中间人传递给她们自身的策略选择信号，并不知道对方所收到的信号，但中间人发送信息的规则必须是共同认识。当乙(甲)完全遵循中间人的指示时，我们可以证明甲(乙)也应如此。当甲被告知要选鸽时，她知道对手一定被告知选鹰，因此鸽是她的最佳选择。而当甲被告知选鹰时，根据信号发送规则并应用贝叶斯法则，她知道乙选鹰的概率是$\frac{0.002}{0.002+0.499}$，而选鸽的概率则是$\frac{0.499}{0.002+0.499}$。此时期望效用的计算也使甲不会选择偏离。以上推理意味着中间人发送私人信号也可以协调博弈者行为，从而构成相互最优的稳定状态。在此相关均衡下，鹰鸽博弈双方的期望效用组合是点$C=(-0.2,-0.2)$，它超出了纳什均衡效用凸包AB。这里，博弈者协调行动使用的不再是诸如时间之类双方均可观测的公共信号，而是中间人私下传递的私人信号。所以博弈者不再能确定对手的行动，只能知晓对手行动的概率分布。下面是私人信号相关均衡的一般定义。

定义5.5.1 在一个N人博弈中，定义于策略组合$S_1 \times S_2 \times \cdots \times S_N$上的联合概率分布$P$是一个私人信号相关均衡，当且仅当：对于每一个博弈者$i, i=1,2,\cdots,N$，其所有的策略$s_i \in S_i$且$P(s_i)>0$，都满足$\sum_{s_{-i} \in S_{-i}} P(s_{-i} \mid s_i) u_i(s_i, s_{-i}) \geqslant \sum_{s_{-i} \in S_{-i}} P(s_{-i} \mid s_i) u_i(s_i', s_{-i})$，其中$s_i'$是$S_i$中任意不等于$s_i$的策略。

从定义5.5.1中可以看到，私人信号相关均衡是所有博弈者可选策略组合的一个联合概率分布。假设这个联合分布P是博弈各方的共同认识，那么当任意博弈者i收到执行策略s_i的信号时，她认为对手策略的分布便为$P(s_{-i}|s_i)$。相关均衡要求她若转而执行其他策略$s_i' \neq s_i$，其期望效用都不会上升。这样博弈者i就会忠实于相关均衡信号而不偏离策略s_i。当所有博弈者都不偏离联合分布P所传递的信号时，分布P所协调的行动

---

[1] N个n维向量$x_1, x_2, \cdots, x_N$的凸包是集合$\left\{ \sum_{i=1}^{N} p_i x_i \mid p_i \geqslant 0 \text{ 且 } \sum_{i=1}^{N} p_i = 1 \right\}$。对应于一个博弈的纳什均衡凸包，$N$是纳什均衡的个数，$n$是博弈者个数，而$x_i$则是第$i$个均衡下$n$个博弈者效用的向量。

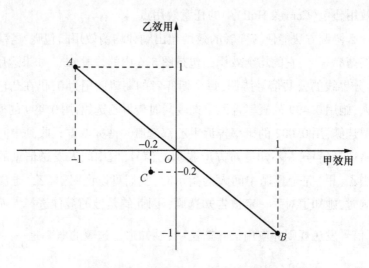

图 5.6　鹰鸽博弈的纳什均衡效用凸壳

就将构成一种稳定的状态。

一个公共信号相关均衡同样是在集合 $S = S_1 \times S_2 \times \cdots \times S_N$ 上的一个联合分布 P,只是 S 中的每种组合 $s = (s_1, s_2, \cdots, s_N)$ 都对应着一个能公共观测的信号,而通过这个信号,各方就知道了 s。于是均衡条件变为:对所有的 $s \in S$,$\sum_{s_{-i} \in S_{-i}} P(s_{-i} \mid s) u_i(s_i, s_{-i}) \geqslant \sum_{s_{-i} \in S_{-i}} P(s_{-i} \mid s) u_i(s_i', s_{-i})$。这里,$P(s_{-i} \mid s)$ 要么是 0,要么是 1。容易看到,纯策略纳什均衡总可以转化为公共信号相关均衡,而混合策略纳什均衡则总可转化为私人信号相关均衡。因此,相关均衡集合包含了纳什均衡集。

注意到纳什均衡需假设均衡策略为共同认识,而相关均衡则将对策略的共同认识转换成对所有策略组合出现的先验分布 P 的共同认识。在相关均衡框架下,每个博弈者将根据自身信号,作出期望效用最大化的选择。这意味着一个博弈问题就转变为一个不确定条件下的决策问题。对此更详细的讨论可见 Aumann(1987)。

在博弈者人数与策略个数有限的博弈中,相关均衡由定义 5.5.1 中的一系列线性不等式所决定,因此相关均衡的集合是一个多面体,与之对应的均衡效用集合则包含了纳什均衡效用凸包。比如在鹰鸽博弈中,假设四个策略组合(甲:鹰;乙:鹰),(甲:鹰;乙:鸽),(甲:鸽;乙:鹰)和(甲:鸽;乙:鸽)出现的联合概率分布 $P = (P_1, P_2, P_3, 1 - P_1 - P_2 - P_3)$,$P_i \in [0, 1]$,$i = 1, 2, 3$。那么联合分布 P 要成为相关均衡,对甲和乙来说,按照 P 来选择相应的鹰、鸽策略总是最优。根据定义 5.5.1,这将产生四个线性不等式。计算可

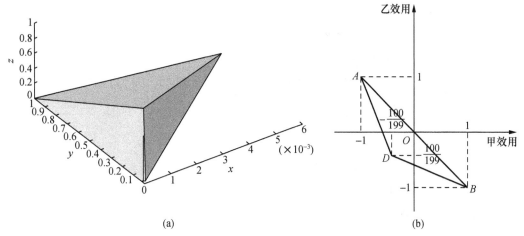

图 5.7 鹰鸽博弈的相关均衡及其效用的集合

得,鹰鸽博弈的相关均衡集合就是图 5.7(a)中所示的六面体。① 依据相关均衡集合,我们就可以刻画出相关均衡效用的集合,即图 5.7(b)中的三角形 ABD。注意到纳什均衡效用凸包只是该三角形的一条边 AB。

思 考 题

1. 在本章第一节的猜帽子游戏中,如果有 m 个学生都戴红帽子,当老师宣布至少有 n 顶帽子是红色后,$m > n \geq 1$,每个学生依次的回答将是什么?

2. 考虑图 5.8 中的博弈扩展式。

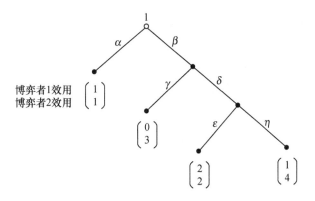

图 5.8 思考题 2 博弈扩展式

---

① 这个六面体在 x-y-z 平面上的五个顶点分别是:(0,1,0),(0.0001,0.0099,0.0099),(0,0,1),(1/199,99/199,99/199)以及(0,1/101,1/101)。

(1) 将博弈扩展式转化为规范式。

(2) 找出所有的可理性化策略。

(3) 找出所有的纳什均衡。

3. 两个博弈者 A 和 B 参与以下游戏:他们同时在区间 $[0,100]$ 内选择一个整数 n^A 与 n^B,如果 n^A 更接近 $\frac{n^A+n^B}{3}$,博弈者 A 得 10,博弈者 B 得 0;若 n^B 更接近 $\frac{n^A+n^B}{3}$,博弈者 A 得 0,博弈者 B 得 10;而当 $n^A=n^B$ 时,两人各得 5。

(1) 是否存在严格劣策略,如存在,轮流剔除它们之后的结果是什么?

(2) 可理性化策略的预测是什么?

(3) 找出纳什均衡。

4. 两个室友同时选择打扫寝室的努力程度 e_1 与 e_2。他们的效用函数分别为:

$$u_1 = k \times \ln(e_1 + e_2) - e_1^2$$
$$u_2 = \ln(e_1 + e_2) - e_2^2$$

其中 $\ln(e_1+e_2)$ 代表寝室的清洁度,它与打扫的努力程度成正比。假设寝室的清洁对两人的重要性并不一样,即 $0 < k \neq 1$。

(1) 找出纯策略纳什均衡。

(2) 讨论两人的不同清洁倾向如何影响打扫的投入。

5. 有两个厂商在进行伯川德价格竞争。它们的边际成本分别为 c_1, c_2 且 $0 < c_1 < c_2$。市场需求函数 $D(p)$ 定义于区间 $[0, \bar{p}]$ 上,它可导且递减,$c_2 < \bar{p}$。另外,当低成本厂商是市场唯一供应者时的垄断价格为 $p^m(c_1)$,$c_2 < p^m(c_1)$。

(1) 找出可能存在的纳什均衡。

(2) 在(1)中所找到的均衡里,哪些是不使用一般劣策略的?

6. 考虑图 5.9 中的博弈规范式。

(1) 找出能使博弈者甲的效用最小化的相关均衡。

(2) 找出能使博弈双方效用之和最大化的相关均衡。

(3) 找出能使博弈双方效用之和最小化的相关均衡。

		甲	
		a_1	a_2
乙	b_1	3,3	0,5
	b_2	5,0	-4,-4

图 5.9 思考题 6 博弈规范式

参 考 文 献

Aumann, R. J. (1974), "Subjectivity and Correlation in Randomized Strategies", *Journal of Mathematical Economics* 1: 67—96.

Aumann, R. J. (1976), "Agreeing to Disagree", *Annals of Statistics* 4: 1236—1239.

Aumann, R. J. (1987), "Correlated Equilibrium as an Expression of Bayesian Rationality",

Econometrica 55: 1—18.

Dasgupta, P., and E. Maskin (1986), "The Existence of Equilibrium in Discontinuous Economic Games", *Review of Economics Studies* 53: 1—41.

Fudenberg, D., and D. Levine (1998), *The Theory of Learning in Games*, Cambridge, Mass.: MIT Press.

Jehle, G., and P. Reny (2001), *Advanced Microeconomic Theory*, Boston: Addison-Wesley.

Kreps, D. (1990), *Game Theory and Economic Modelling*, Oxford University Press.

Mas-Colell, A., M. D. Whinston and J. R. Green (1995), *Microeconomic Theory*, Oxford University Press.

Myerson, R. B. (1991), *Game Theory*, Cambridge, Mass.: Harvard University Press.

Nash, J. F. (1950), "Equilibrium Points in N-Person Games", *Proceedings of the National Academy of Sciences* 36: 48—49.

Rubinstein, A. (1998), *Modeling Bounded Rationality*, Cambridge, Mass.: The MIT Press.

第 6 章　完全信息动态博弈

我们上一章介绍了纳什均衡的概念，并将其运用到一些完全信息静态博弈的例子。本章将研究完全信息下的动态博弈，即博弈者行动有先有后的场景。在完全信息动态博弈下，纳什均衡作为博弈的解不再能充分反映博弈者的理性推断。所以一个新的均衡概念，即子博弈完美纳什均衡，将对动态博弈下的纳什均衡作出精炼。通过本章的学习，读者应：

- 明确纳什均衡在动态博弈下的局限性。
- 能够运用逆向归纳法求解子博弈完美纳什均衡。
- 理解一次性偏离原则及其应用。
- 能够运用纳什回归来计算重复博弈下的子博弈完美纳什均衡。

§6.1 完全信息动态博弈下的纳什均衡

我们首先来看图6.1(a)中的动态鹰鸽博弈。上一章介绍的鹰鸽博弈是静态的,博弈双方同时选择策略。而这里我们假设由甲首先来选择鹰鸽策略,然后再由乙来选择。除了行动次序外,行动集合与效用和静态鹰鸽博弈完全相同。那么它的纳什均衡是怎么样的呢?当一个动态博弈的策略个数有限时,一般先将博弈扩展式转化为规范式,然后再依据定义用枚举法来寻找纳什均衡。甲的策略集合是{鹰,鸽};而乙则有四种策略{鹰鹰,鹰鸽,鸽鹰,鸽鸽},其中每种策略中的前、后两个行动分别是对甲出鹰和甲出鸽的回应。这样,我们可以得到动态鹰鸽博弈的规范式,如图6.1(b)所示。显然,该博弈共有三个纯策略纳什均衡,我们来看其中的一个,即(甲:鸽;乙:鹰鹰)。如果甲选鸽,乙的最优回应是鹰鹰;如果乙选鹰鹰,甲的最优回应又是鸽,双方策略构成一对相互最优策略。

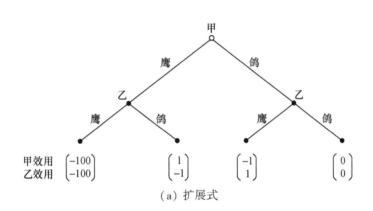

(a) 扩展式

(b) 规范式

图6.1 动态鹰鸽博弈的扩展式与规范式

但是,这个纳什均衡似乎有点问题。甲显然可以预见到当她选鸽时,乙肯定会选鹰;当她选鹰时,乙肯定会选鸽。但在这两个甲都可以控制的结局下,甲的效用却是不同的(一个是 -1,一个是 1)。理性人应选效用更高的结局,即甲应开始就选鹰。这意味着纳什均衡(甲:鸽;乙:鹰鹰)在动态博弈下并没有完全体现出甲的理性推断。同时,此均衡也没有充分反映乙的理性推理。尽管甲没有选鹰,但若甲真选鹰时,乙的最优回应是鸽而不是鹰。所以,乙选鹰鹰也是不合理的。我们下面再看两个类似的例子。

例 6.1 市场进入博弈。图 6.2 中是一个厂商进入一个垄断市场的例子。请找出所有的纳什均衡并指明哪些是不合理的。

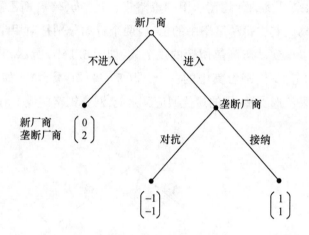

图 6.2 市场进入博弈

解:新厂商面临两种选择:进入或不进入,而垄断厂商在新厂商一旦进入的情况下又有两种选择:接纳或对抗。对抗导致两败俱伤,而接纳则平分市场。这时有两个纯策略纳什均衡,一是(新厂商:不进入;垄断厂商:对抗),二是(新厂商:进入;垄断厂商:接纳)。同时还有一类混合策略纳什均衡,即(新厂商:不进入;垄断厂商:x 概率接纳,$1-x$ 概率对抗),$x \in \left[0, \dfrac{1}{2}\right]$。我们先来看纯策略纳什均衡(新厂商:不进入;垄断厂商:对抗)。首先,这一策略组合是纳什均衡,因为当新厂商不进入时,垄断厂商选择对抗或接纳都一样;而当垄断厂商选择对抗时,新厂商则应选择不进入。其次,在此均衡下,垄断厂商想通过选择对抗来吓阻新厂商进入,但这种吓阻并不可信,因为一旦新厂商强行进入,再执行对抗就不合理了,接纳将成为更好选择。最后,由于新厂商能够预见到自己进入必然导致接纳,它必然也会放弃效用为 0 的不进入选择。因此,此纳什均衡是不合理的。同样道理,混合策略纳什均衡(新厂商:不进入;垄断厂商:x 概率接纳,$1-x$ 概率对抗),$x \in \left(0, \frac{1}{2}\right]$,也不合理。∎

例 6.2 单轮出价博弈。图 6.3 中是一个甲和乙分一块钱的场景。首先由甲提出一个划分比例 x,即甲得 x,乙得 $1-x$,$x \in [0,1]$。然后乙来决定是否接受甲的建议,如果乙接受,则按建议分,博弈结束;如果乙不接受,博弈也结束,两人效用则均为 0。请找出最合理的纳什均衡。

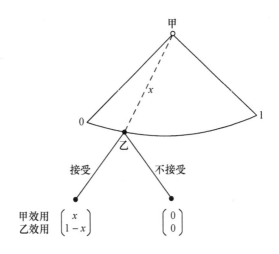

图 6.3 单轮讨价还价博弈

解:先看纯策略纳什均衡。甲只有一个决策点,它的纯策略是 $[0,1]$ 集合中的一个实数,而乙的决策点是连续的,所以它的纯策略是一个从 $[0,1]$ 实数集到集合 {接受,不接受} 的函数。这里有无数纯策略纳什均衡,比如其中一种是(甲:提出 $x = x^*$,$x^* \in [0,1]$ 的划分;乙:当分割比率 $x = x^*$ 时,接受;当 $x \neq x^*$ 时,不接受)。甲乙的策略是一对相互最优回应,当乙除分割比率 $x = x^*$ 外均不接受时,甲只能提出 $x = x^*$ 的划分;而当甲提出 $x = x^*$ 的划分时,乙则应该接受,同时乙在 $x \neq x^*$ 下的选择也无关最终效用,所以此策略组合构成纳什均衡。我们称乙在 $x \neq x^*$ 下的选择为均衡路径之外(Off the Equilibrium Path)的选择,因为在均衡下这些决策场景是无法到达的。纳什均衡没有考虑在这些均衡路径之外的场景下博弈者的最优选择,这正是动态博弈下一些纳什均衡不合理的根本原因。事实上,当 $x^* < 1$ 时,在所有 $x \neq x^*$ 的划分下,甲可以保证乙必然接受,因为接受总会给乙带来正效用,而不接受则是零效用。这就意味着甲总可在原分割比例 x^* 的基础上再给自己加上一点。只到 $x^* = 1$ 时,乙接不接受都是零效用。所以甲一开始就应提出一块钱全

归她,而乙选择接受将是最优的。根据以上推理,单轮出价博弈最合理的纯策略纳什均衡是(甲:提出 $x=1$ 的划分;乙:任何比率都接受)。注意到尽管乙在 $x\neq 1$ 的决策点下必定接受,但在 $x=1$ 下也可以在接受与不接受之间进行随机选择。① 但如果乙执行这个混合策略,甲在第一轮就没有最优出价了。因为甲不再会提出 $x=1$ 的划分,而是提出一个无限接近于 $x=1$ 的比例以保证乙接受。由于在 $[0,1)$ 这个半封闭区间中不存在最大值,此博弈不存在合理的混合策略纳什均衡。∎

以上我们介绍了几个两轮完全信息动态博弈的例子。可以看到,纳什均衡已无法充分反映博弈者的合理推断,其原因是它对均衡路径之外的选择未作要求。由于先行者能够预见第二轮所有可能的博弈场景及对手的最优选择,她就会在第一轮选择进入对自己最有利的场景。这种由下至上的推理过程使我们在动态博弈中去掉了很多不合理的纳什均衡。我们可以将这种思想推广到一般情况,形成一种新的均衡解的概念,即**子博弈完美纳什均衡**(**Subgame Perfect Nash Equilibrium**)。

§6.2　子博弈完美纳什均衡

Selton(1965)提出了子博弈完美纳什均衡的概念,它对均衡路径之外的行为进行了合理处理。相对于静态博弈,动态博弈可能出现的场景大幅增长,许多场景可能不会达到,但正是对这些不会达到的场景的分析才使得博弈者选择了最终的均衡路径。动态博弈中的场景是指博弈运行到任一阶段时,博弈者往后将面临的所有局势。我们用**子博弈**(**Subgame**)这个概念来描述博弈的场景。

定义 6.2.1　博弈扩展式中的子博弈是完整博弈的一个子集,它起始于一个决策点仅包括这个决策点下派生的所有分支。

例 6.3　子博弈判断。请问在图 6.4 的博弈扩展式中,虚线所圈出的是否为子博弈,整个博弈一共有几个子博弈?

解:图 6.4(a)中圈出的不是子博弈,因为它起始于两个决策点,而不是一个。它包括

---

① 为叙述的方便,此处的随机选择包含以概率1选择不接受。

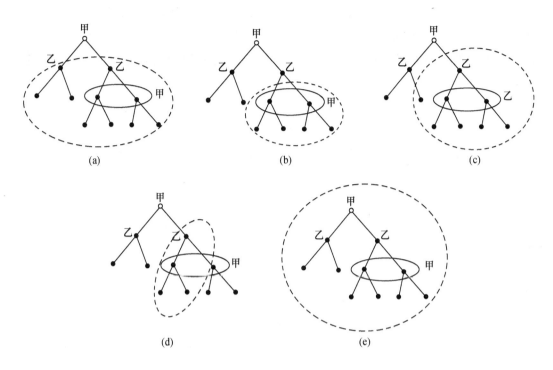

图 6.4 子博弈判断

了两个平行的子博弈。图 6.4(b) 中圈出的也不是子博弈,因为它起始于含多个决策点的信息集而不是单一的决策点。从一个信息集开始子博弈将使我们无法获知不完美信息的来源。图 6.4(c) 中圈出的也不是子博弈,因为它包含了并非派生于起始决策点的决策点。图 6.4(d) 中虚线内仍不是子博弈,因为它遗漏了信息集中的另一分支。一个信息集只定义了一个决策情景,因为博弈者无法分辨信息集中的决策点,因此整个信息集都将被看做是派生于上游决策点。图 6.4(e) 中圈出了整个博弈,它也是自身的一个子博弈,满足子博弈的条件。整个博弈共有 3 个子博弈。■

每个子博弈都起始于一个确定的博弈者的确定决策点。它具有一个完整博弈的所有要素,因此每个子博弈的起始行动者在行动之前都会形成对这个子博弈如何演进的看法,即子博弈下的各方最优选择是什么。这种思考称做顺序理性(Sequential Rationality)。顺序理性要求:在每一个子博弈下,每个博弈者的策略都应是对其对手策略的最优回应。顺序理性在有限轮数的动态博弈中体现为**逆向归纳**(Backward Induction)思考。任何有限轮数的完全信息动态博弈进行到最后,总将进入一个静态子博弈。这个静态子博弈下的最优行为即为该子博弈的纳什均衡。这样,此静态子博弈的上游行动者便可预见下游的选择，从而确定自身在上游子博弈中的最优行为。依此类推，我们就可以从后往前推出所有博弈者在博弈进行到任一阶段时的最优行为，我们称之为博弈的均衡路径。对于无限轮数的动态博弈，我们无法归结到一个最后的起点，顺序理性于是直接要求每个子博弈下博弈者行为都构成相互最优。以下是子博弈完美纳什均衡的严格定义。

定义 6.2.2 在一个 N 人博弈中，策略组合 $\sigma = (\sigma_1, \sigma_2, \cdots, \sigma_N)$ 构成一个子博弈完美纳什均衡，当且仅当：该策略组合在每个子博弈中也都构成一个纳什均衡。

对于有限轮的完美信息动态博弈，如果每个博弈者在所有最终结局下的效用是不同的，那么子博弈完美纳什均衡一定存在而且唯一，这是 Zermelo 定理。在此情况下对子博弈完美纳什均衡的求解也很简单，是逆向归纳法的直接应用。比如在上一节中我们介绍的三个博弈例子，用逆向归纳法很容易得出子博弈完美纳什均衡。我们这里以单轮出价博弈为例，总结出逆向归纳法在有限动态博弈下的使用规则。

第一步，找出所有最后一轮静态子博弈的纳什均衡。图 6.5(a)中当乙面临接受还是拒绝的选择时，是一个简单决策论问题。当 $x \neq 1$ 时，乙都接受；当 $x = 1$ 时，乙接受和拒绝都是最优。

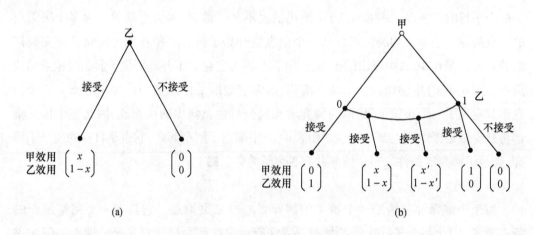

图 6.5 逆向归纳法的使用

第二步，取最后一轮静态子博弈的均衡策略，进入上一级子博弈，并找出相应的纳什均衡。上一级子博弈因剔除了最后一轮所有非均衡策略而得以简化。图 6.5(b)中是简化的上级子博弈，其中在 $x \neq 1$ 下，乙拒绝这一行为均被剔除。这时，甲又面临一个博弈问题。在 $x=1$ 时,如果乙选择接受,那么甲的最优策略就是提出 $x=1$。如果乙在 $x=1$ 时随机选择接受与不接受,那么如例 6.2 中所述,甲就没有最优回应。所以,这个子博弈只有一个纳什均衡,即(甲:提出 $x=1$ 的划分;乙:任何比率都接受)。

第三步,取最后一轮静态子博弈和上一级子博弈的均衡策略,进入再上一级子博弈,并找出相应的纳什均衡。重复这个过程所找出的整个均衡就是子博弈完美纳什均衡。单轮出价博弈只有两级子博弈,第二步找出的子博弈均衡就是整个博弈的均衡。

下面我们应用逆向归纳法,来分析海盗分金博弈的一个三人版本。

例 6.4 海盗分金。三个海盗分一单位的黄金。海盗 1 首先提出一个划分方案,然后海盗 2 与海盗 3 同时投票表决是否接受海盗 1 的方案。如果投票结果是半数以上支持,则按海盗 1 的建议划分;否则就将海盗 1 扔下海,接着由海盗 2 提出一个划分方案,由海盗 3 来表决。海盗 3 若同意,则按海盗 2 的方案划分;否则就将海盗 2 扔下海,黄金归海盗 3。请找出子博弈完美纳什均衡下的各方收入。

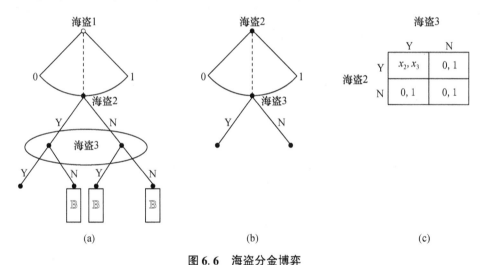

图 6.6 海盗分金博弈

解:图 6.6(a)中是三人海盗分金博弈的扩展式。海盗 1 首先提出一种分配方案 (x_1, x_2, x_3),$\sum_{i=1}^{3} x_i = 1$。然后海盗 2 与 3 同时表决是同意(Y)还是反对(N)。当两人均同意时,即按海盗 1 的提议划分。只要有一人反对,海盗 1 就被扔下海,接着进入海盗 2 开始提议的子博弈 $\mathbb{B}$。而图 6.5(b)中则是子博弈 $\mathbb{B}$ 的扩展式。海盗 2 提出一个划分方案 (x'_2, x'_3),$\sum_{i=2}^{3} x'_i = 1$,海盗 3 则需决定是同意还是反对。

运用逆向归纳法,我们先讨论子博弈 $\mathbb{B}$ 的均衡。假设一个海盗被扔下海,我们将其等同于获得 0 黄金。① 这样,子博弈 B 下的任何均衡都将导致海盗 3 得 1,海盗 2 得 0。②

接着进入由海盗 2 和 3 同时表决的子博弈,每个子博弈都以海盗 1 的一个最初提议 (x_1, x_2, x_3) 开始。取子博弈 B 下的均衡收入,同时表决子博弈可以用图 6.6(c)中的规范式来表示。③ 策略组合(海盗 2:N;海盗 3:N)与(海盗 2:Y;海盗 3:N),在海盗 1 的任何提议下,总构成纳什均衡;而(海盗 2:N;海盗 3:Y)以及(海盗 2:Y;海盗 3:Y)均只在 $x_2 = 0, x_3 = 1$ 时,才是纳什均衡。这样,无论海盗 1 的最初提议是什么,其对应子博弈下的所有纳什均衡中,海盗 3 总得 1,海盗 2 总得 0。

最后进入海盗 1 提出划分建议的总体博弈。由于同时表决子博弈下可能存在四个纯策略均衡,总体博弈因此也存在多种均衡。比如,(海盗 1:提出 $x_1 = x_2 = x_3 = \frac{1}{3}$;海盗 2:对任何提议都 Y;海盗 3:对任何提议都 N)就是其中一种。④ 由于同时表决子博弈所有均衡下,海盗 3 总得 1,海盗 2 总得 0,总体博弈的均衡收入只能是:海盗 3 得 1,海盗 2 得 0,海盗 1 得 0。

如果再增加一个海盗,即还存在一个海盗 0,由他最先提出划分建议,接着海盗 1、2 和 3 同时来表决。那么在这个三人同时表决子博弈下,三人不论海盗 0 提什么建议,总同意或者总反对都构成纳什均衡。前者使海盗 1 得所有黄金,后者使海盗 3 得所有黄金。因此,当海盗分金博弈人数大于 3 时,不仅会出现多均衡,而且会出现多均衡收入的情况。∎

§6.3 完全信息动态博弈的应用

本节将介绍两个完全信息动态博弈的经典问题。一个是研究厂商在竞争中是否应该先下手为强;另一个是探讨无限轮数的谈判机制是如何实现利益分割的。从这两个模型中我们可以体会一下博弈论在揭示经济规律方面的重要作用。

---

① 海盗分金博弈中有多种均衡,而本例只关注均衡下的收入,此处的假设是为了便于均衡收入的计算。
② 海盗 2 提出 $x_2' > 0$ 的建议时,肯定被海盗 3 否决;提出 $x_2' = 0$ 的建议时,海盗 3 同意与反对均是最优,因而存在多种均衡。
③ 为简化叙述,此处的规范式中略去了海盗 1 的收入。
④ 为了简化对均衡的描述,此处略去了子博弈 B 下的策略选择。

§6.3.1 先行优势还是后行优势

对于两个产品具有一定替代性的厂商(如麦当劳与肯德基、可口可乐与百事可乐),它们在进行定价或上生产线时,应该抢先行动还是等对手先行然后再跟进呢?直觉很难告诉我们答案,这时就需要借助于博弈模型来帮助我们发现规律。

在竞争中先采取行动的厂商一般称做 Stackelberg 领导者,因为德国经济学 Stackelberg(1934)最先在一个双寡头竞争的动态模型中规范地证明:先行动者更为有利,即她具有先行优势(First-mover Advantage)。后来的研究者发现,在某些情况下后行动的厂商也可能比先行动者更有利,这就是后行优势(Second-mover Advantage)。Gal-Or(1985)认为先行优势与后行优势的决定条件,在于反应函数是递增还是递减。我们将先行和后行的选择问题抽象为一个简单的模型,研究均衡下厂商的行为。这里的模型是一个双寡头市场,厂商1生产商品1,厂商2生产商品2。假设生产成本都为0,各自商品的需求函数为:$P_i = a - 2Q_i - Q_j$,其中 $a>0, i,j \in \{1,2\}$ 且 $i \neq j$。显然两种商品是替代品(Q_j 增加导致 P_i 下降),而且每种商品的产量影响自身价格的能力总是强于影响对手商品价格(在 P_i 的决定方程中,Q_i 的系数绝对值大于 Q_j 的系数绝对值)。我们将考虑两种厂商竞争方法,一种是价格竞争,一种是产量竞争。和第5章所介绍的古诺模型和伯川德模型的静态博弈不同,这里我们总要求一个厂商(厂商1)先行,而另一个厂商(厂商2)后行,即是一个两轮动态博弈。

我们先考虑产量竞争的情况。厂商1的策略是在第一轮提供给市场一个产量 Q_1,在第二轮,厂商2根据厂商1的供应选择自己的最优产量 Q_2。由于两个厂商是对称的,决定它们最终效用差异的就是它们行动的次序,因此通过比较其均衡效用即可得出先行和后行孰优孰劣的结论。运用逆向归纳法,我们首先要求出在给定 Q_1 的情况下,厂商2的最优回应产量是什么。厂商2在第二轮的利润(即效用)是 $\pi_2 = P_2 Q_2$。将 $P_2 = a - 2Q_2 - Q_1$ 代入厂商2的利润函数,可得

$$\pi_2 = (a - 2Q_2 - Q_1)Q_2$$

一阶条件 $\partial \pi_2 / \partial Q_2 = 0$ 决定了厂商2对 Q_1 的最优回应量是 $Q_2^* = a/4 - Q_1/4$。[①] 这意味着厂商1在首轮供应给市场的产量越多,厂商2在第二轮应提供的产量就越少。现在

[①] 为叙述简便,本例中我们只用必要条件求出策略,略去证明找出的策略确为均衡的部分。

我们进入第一轮,厂商1可以预见到厂商2的最优回应并能够将其纳入到首轮供应的决策中。厂商1的利润是$\pi_1 = P_1 Q_1$。将$P_1 = a - 2Q_1 - Q_2$代入π_1可得

$$\pi_1 = (a - 2Q_1 - Q_2)Q_1$$

我们再将Q_2^*代入到π_1,同样用一阶条件$\partial \pi_1 / \partial Q_1 = 0$,可以求出厂商1的最优产量是$3a/14$。这样,我们就找出了双寡头动态产量竞争博弈中的子博弈完美纳什均衡(厂商1:首轮供应$3a/14$;厂商2:二轮供应$Q_2^* = a/4 - Q_1/4$)。可以看到:均衡产量$Q_1^* = 3a/14 > Q_2^* = 11a/56$;而均衡利润$\pi_1^* = 9a^2/112 > \pi_2^* = 121a^2/1568$。厂商1由于先行动而得以一次大量占领市场,厂商2第二轮只得被动减少供应,所以厂商1具有先行优势。

我们再来看价格竞争的情况。寻找均衡的方法和上面完全一样。根据逆向归纳法,我们首先求出给定P_1时,厂商2的最优回应出价。厂商2在第二轮的利润是$\pi_2 = P_2 Q_2$。联立两厂商的需求函数可以求得$Q_2 = a/3 + P_1/3 - 2P_2/3$,因此

$$\pi_2 = P_2(a/3 + P_1/3 - 2P_2/3)$$

一阶条件$\partial \pi_2 / \partial P_2 = 0$就给出对$P_1$的最优回应价是$P_2^* = a/4 + P_1/4$。[①] 如果先行者降价,后行者也得跟着降。接着进入第一轮,厂商1的利润是$\pi_1 = P_1 Q_1$。同样联立两需求函数可得$Q_1 = a/3 + P_2/3 - 2P_1/3$,所以

$$\pi_1 = P_1(a/3 + P_2/3 - 2P_1/3)$$

将P_2^*代入π_1,并运用一阶条件$\partial \pi_1 / \partial P_1 = 0$求出厂商1的最优出价是$5a/14$。这样双寡头动态价格竞争博弈中的子博弈完美纳什均衡即为(厂商1:首轮出价$5a/14$;厂商2:二轮出价$P_2^* = a/4 + P_1/4$)。正好与产量竞争相反,均衡价格$P_1^* = 5a/14 > P_2^* = 19a/56$;而均衡利润$\pi_1^* = 25a^2/336 < \pi_2^* = 361a^2/4704$。厂商2由于后行动而能够相应减价以扩大自己的销量,所以具有后行优势。

那么为什么产量竞争能带来先行优势,而价格竞争却导致后行优势?一般规律是什么呢?在均衡反应函数递减的情况下,比如产量竞争中的反应函数$Q_2^* = a/4 - Q_1/4$,先行者若进攻(增加Q_1),后行者的最优反应不是对抗,而是后退(减少Q_2)。这样先行者就具有了先入为主的可能。相反,在均衡反应函数递增的情况下,比如价格竞争反应函数$P_2^* = a/4 + P_1/4$,先行者如强势进入(减价),后行者的最优回应并非退却,而是强势对抗(也减价)。这使先行者失去优势,而后行者却拥有反攻的便利。所以,先行或后行优

[①] 这里没有讨论边角解的情况,细节推导见Gal-Or(1985)。

势的出现,将取决于反应函数的增减状态。先行优势对应递减的反应函数,多出现于先行者可采取一些排他性策略的博弈;后行优势则对应递增的反应函数,比如后行者可以拷贝先行者成果或砍先行者价的情景。

§6.3.2 利益划分的依据

人们合作的根本动力在于合作能够实现帕累托改进,即所谓双赢。但合作产生的共同利益如何在合作方之间进行分配(即谁赢多,谁赢少)也是人们在合作时非常重要的考虑。对这一问题的研究衍生出大量文献,本章第一节例6.2是以最简单的单轮出价方式来分配利益,而Stahl(1972)则分析了双方在有限轮内轮流出价的情景,用逆向归纳法可以找出子博弈完美纳什均衡。理论上,利益分割的谈判是可以无穷持续的,对此问题最具代表性的成果是Rubinstein(1982)无限期轮流出价模型。对于无限期模型,因不存在最后一轮,逆向归纳法无法使用,这使该问题的求解较为困难。模型本身的描述很简单,即两个人要分割一份抽象为1块钱的利益。划分方法是由参与人1先提出一对划分比例$(x,1-x)$,前者为参与人1的份额,后者为参与人2的份额,$x \in [0,1]$。如果参与人2同意参与人1的提议,那么谈判结束,1块钱按提议分割;如果参与人2不同意1的建议,她就提出一个反建议$(y,1-y)$,一样前者为参与人1的份额,后者为参与人2的,$y \in [0,1]$。参与人1若同意,谈判即结束,分割按参与人2的建议实施;否则,参与人1又开始提出她的新建议。就这样,双方轮流出价无限期地进行下去,只有一方同意对方提议谈判才会结束。此博弈的扩展式由图6.7给出。

有两种常用方法来设定谈判的成本。一种设定是假设每轮效用较上一轮都有一个时间贴现,即假设参与人1与2分别具有δ_1和δ_2的贴现因子,$\delta_1,\delta_2 \in [0,1]$。① 之所以要进行贴现是因为人们都希望尽早获取效用,推后一轮的效用都要在上一轮效用基础上乘以δ_i(打折),推后t轮则乘以δ_i^t,$i \in \{1,2\}$。δ_i越大,代表博弈者的耐心越强。另一种谈判成本的设定方法则是假设每轮谈判都会给参与人带来一个固定的成本损失,即参与人1和2每轮分别产生固定成本c_1和c_2,$c_1,c_2 \in [0,1]$。Rubinstein(1982)分别给出了在两种不同成本设定方式下的子博弈完美纳什均衡。

---

① 一次分割建议就定义了一轮。

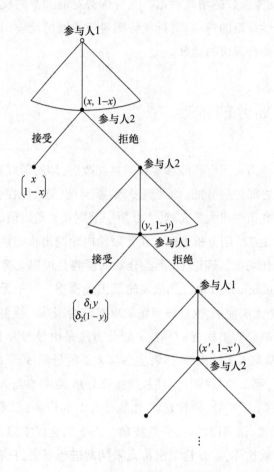

图 6.7 无限期轮流出价谈判博弈

首先是效用需作时间贴现的情况,其子博弈完美纳什均衡是:在提出分割建议时,参与人 1 总是提出 $(x^*, 1-x^*)$,$x^* = \dfrac{1-\delta_2}{1-\delta_1\delta_2}$,而参与人 2 则总提出 $(y^*, 1-y^*)$,$y^* = \dfrac{\delta_1(1-\delta_2)}{1-\delta_1\delta_2}$。在面对建议时,参与人 1 只接受自己所得 $y \geqslant y^*$ 的提议,而参与人 2 则只接受自身份额 $1-x \geqslant 1-x^*$ 的建议。

其次是双方都有固定谈判成本的情况,这时均衡取决于双方固定成本的相对大小。这里只简略给出主要均衡路径上的行为:当参与人 1 的成本较小,即 $c_1 < c_2$ 时,她总提出 $(1,0)$ 的建议;当参与人 1 的成本较大,即 $c_1 > c_2$ 时,她总提出 $(c_2, 1-c_2)$ 的建议;当两人的成本相等,即 $c_1 = c_2$ 时,参与人 1 提出建议 $(x, 1-x)$,其中 $c_1 \leqslant x \leqslant 1$。以上三种情况下,参与人 2 均接受参与人 1 在第一轮提出的建议。

找出以上均衡并不容易。Shaked 和 Sutton(1984)根据谈判结构的对称性与平稳性,通过证明博弈者均衡收益上下限相等的方法,找出了以上策略组合中的关节点 x^* 与 y^*。① 本节并不给出寻找均衡的具体过程,而将重点放在证明以上策略组合是一个子博弈完美纳什均衡上。证明并不能直接运用逆向归纳法,这里我们将用到动态博弈中的一个重要原理——**一次性偏离原则**(One-shot Deviation Principle)来简化我们的证明。此原则首先由 Blackwell(1965)在动态规划的背景下提出,在动态博弈中也有着广泛应用。下面,我们先对它作一介绍,然后再开始无限期谈判均衡的证明。

§6.3.2.1 一次性偏离原则

一次性偏离原则通俗地说是:如果博弈者的策略在任何信息集下,都不存在只用偏离一次就能提高自身效用的机会,那么此策略就是子博弈完美策略。这样,我们在分析子博弈完美均衡时,只需关注一次性偏离即可,而不用考虑各轮同时偏离的复杂情况。我们从第 4 章中知道,在扩展式中,行为策略 σ_i 需对博弈者 i 的每一信息集 H,给出该信息集下所有可选择行为 $C_i(H)$ 的一个概率分布。那么,一次性偏离的严格定义是:

定义 6.3.1 在一个 N 人博弈中,给定任一信息集 H,在且仅在它之下,将博弈者 i 的策略 σ_i 所指示的行为改为该信息集下可选行为 $C_i(H)$ 中的另一个,比如 a,同时保持 σ_i 的其他所有部分不变。由此获得的新策略用 σ_i^a 表示,那么我们说相对于原策略 σ_i,策略 σ_i^a 作了一次性偏离。

最终将一次性偏离与子博弈完美均衡联系起来还需要博弈本身是**连续**的。用 σ 代表策略组合 $(\sigma_i,\cdots,\sigma_N)$,$\sigma$ 的执行将导致一条(来自于纯策略)或多条(来自于混合策略)博弈路径 r,每条路径都是博弈树上决策点的一种顺序连接,每条路径都对应博弈者的一个最终效用值。这样我们说一个博弈是连续的,如果任意两条博弈路径从开始到以后很长时间都相同,那么两条路径带给博弈者的最终效用将无限接近。这意味着博弈者的效用函数对于博弈路径是连续的。下面是连续博弈的严格定义。

定义 6.3.2 一个 N 人博弈是连续的,如果它满足以下条件:对每个博弈者 $i,i=1,2,\cdots,N$,给定任意两条路径 r 和 r',对于任何 $\varepsilon>0$,存在一个整数 T,对所有 $t \geq T$,若 r 和

---

① 见各通用博弈论教材,如 Fudenberg 和 Tirole (1991)。

r' 拥有相同的前 t 个决策点,那么总有 $|u_i(r) - u_i(r')| < \varepsilon$。

现在我们就可以完整表述一次性偏离原则了。[①]

定理 6.3.1 一个连续的 N 人动态博弈下的策略组合 σ 是一个子博弈完美纳什均衡,当且仅当:每个博弈者 i 的策略 $\sigma_i, i=1,2,\cdots,N$,在任何信息集下都不存在更为有利的一次性偏离机会,即不存在一个信息集 H 及其下的行为 a,能使该信息集所处子博弈下的效用 $u_i(\sigma_i^a, \sigma_{-i}|H) > u_i(\sigma_i, \sigma_{-i}|H)$。

证明:当策略组合 σ 是一个子博弈完美纳什均衡时,根据其定义,σ_i 不存在更好的一次性偏离机会。所以,证明的主要部分是:若每个博弈者 i 的策略 σ_i 没有更好的一次性偏离机会,那么策略组合 σ 就是一个子博弈完美纳什均衡。我们用反证法,假设某博弈者 i,她的策略 σ_i 在任何信息集下都没有更好的一次性偏离机会,但从决策点 x_0 开始的子博弈 Γ_0 下,σ_i 并不是对 σ_{-i} 的最优回应。[②]

现在集中考查该子博弈,这意味着博弈者 i 还存在一个策略 σ'_i,使得在子博弈 Γ_0 中,$u_i(\sigma'_i, \sigma_{-i}|\Gamma_0) > u_i(\sigma_i, \sigma_{-i}|\Gamma_0)$。根据混合策略的定义,对应于 σ_{-i},σ'_i 能产生一条确定的路径 r',使得 $u_i(r'|\Gamma_0) \geq u_i(\sigma_i, \sigma_{-i}|\Gamma_0) + 2\varepsilon$,$\varepsilon$ 是某个正实数。这时尚不能确定 σ_i 可通过有限轮的偏离来产生路径 r'。

根据连续博弈的定义,对于任意路径 r,存在一个整数 T,当 r 与路径 r' 拥有相同的前 $t(t \geq T)$ 个决策点时,$u_i(r'|\Gamma_0) - u_i(r|\Gamma_0) < \varepsilon$。于是,$u_i(r|\Gamma_0) > u_i(\sigma_i, \sigma_{-i}|\Gamma_0) + \varepsilon$。定义路径 r 在子博弈 Γ_0 下的前 $T+1$ 个决策点分别为 $x_0, x_1, \cdots, x_T$。这时,σ_i 在子博弈 Γ_0 下做有限轮的偏离,就可以产生这样的路径 r。

先看一个策略 α_T,α_T 自决策点 x_0 起,依次选择 $x_1, x_2, \cdots, x_T$,在决策点 x_T 之后便与策略 σ_i 完全一样。α_T 作为产生路径 r 的一种策略,在子博弈 Γ_0 下有:

$$u_i(\alpha_T, \sigma_{-i} | \Gamma_0) > u_i(\sigma_i, \sigma_{-i} | \Gamma_0) \qquad [\text{I}]$$

再看另一个策略 α_{T-1},它在依次选择 $x_1, x_2, \cdots, x_{T-1}$ 后即与 σ_i 相同,这意味着策略 α_T 相对于 α_{T-1} 来说,只在决策点 x_{T-1} 下作了一次性偏离。起始于决策点 x_{T-1},我们可以定义另一个子博弈 Γ_{T-1}。[③] 根据开始的假设,σ_i 在任何信息集下均没有更有利的一次性偏

[①] 一次性偏离原则的证明参考 Ray(2003)。
[②] 子博弈只能起始于一个决策点,而不能起始于包含一个以上决策点的信息集。
[③] 决策点 x_{T-1} 若处于某个信息集中,我们也定义为子博弈起始点,仅用于本证明的阐述。

离机会,所以在子博弈 Γ_{T-1} 下,$u_i(\alpha_{T-1},\sigma_{-i}|\Gamma_{T-1}) = u_i(\sigma_i,\sigma_{-i}|\Gamma_{T-1}) \geq u_i(\alpha_T,\sigma_{-i}|\Gamma_{T-1})$。由于策略 α_T 与 α_{T-1} 在子博弈 Γ_0 下有着共同的决策点直至子博弈 Γ_{T-1},所以在子博弈 Γ_0 之下也有

$$u_i(\alpha_{T-1},\sigma_{-i}|\Gamma_0) \geq u_i(\alpha_T,\sigma_{-i}|\Gamma_0) \qquad [\text{II}]$$

结合[I]与[II],可得 $u_i(\alpha_{T-1},\sigma_{-i}|\Gamma_0) > u_i(\sigma_i,\sigma_{-i}|\Gamma_0)$。

接下来考虑策略 α_{T-2},它从 x_0 起与 α_{T-1} 拥有相同的决策点直到 x_{T-2},然后便和策略 σ_i 一样。用同样方法,可以得出 $u_i(\alpha_{T-2},\sigma_{-i}|\Gamma_0) > u_i(\sigma_i,\sigma_{-i}|\Gamma_0)$。可以看出,我们构造的规律是:$\alpha_{t-1}$ 在且仅在决策点 x_{t-1} 下将 α_t 的行为换成 σ_i 所指示的行动,$t = 2,3,\cdots,T$。应用归纳法,可得 $u_i(\alpha_1,\sigma_{-i}|\Gamma_0) > u_i(\sigma_i,\sigma_{-i}|\Gamma_0)$。而策略 α_1 正是 σ_i 在子博弈 Γ_0 的起始决策点 x_0 下的一次性偏离机会 $\sigma_i^{x_1}$,这便与反证假设相矛盾。∎

§6.3.2.2 一次性偏离原则的应用

在无限期谈判博弈中,如果双方每轮均要承担一个固定的成本,根据定义 6.3.2,此情况下的博弈就不是连续的。因为只要两人成本不同,随着谈判来回的增加,效用差将会不断变大,其效用无法收敛。因此,我们不能将一次性偏离原则应用于有固定成本的情况。而对于有时间贴现的情况,贴现系数随时间的推移趋向于 0,这会使双方效用收敛。所以,具有时间贴现的谈判博弈可以运用一次性偏离原则。对博弈这两种情况的完整分析可见 Rubinstein(1982)及 Rubinstein 和 Osborne(1994),我们在此只给出时间贴现情况下子博弈完美纳什均衡的证明:

(1)考虑一个首先由参与人 1 提出分割建议的子博弈。她的建议是 $(x^*, 1-x^*)$,其中 $x^* = \dfrac{1-\delta_2}{1-\delta_1\delta_2}$。给定本节开始时所描述的参与人 2 的策略,即她只接受自身份额 $1-x \geq 1-x^*$ 的建议,因此她将会接受参与人 1 的建议。这样,参与人 1 在此子博弈下的效用为 x^*。现在考虑参与人 1 在此子博弈下是否存在着更好的一次性偏离机会。如果参与人 1 提出一个分割比例 $x > x^*$,参与人 2 将拒绝其建议,同时提出 $(y^*, 1-y^*)$,其中 $y^* = \dfrac{\delta_1(1-\delta_2)}{1-\delta_1\delta_2}$。由于参与人 1 只偏离一次,此后便回归原策略,即当她面对建议时,只接受自己所得 $y \geq y^*$ 的提议。因此她会接受参与人 2 的建议,从而获得效用 $\delta_1 y^*$。注意到 $\delta_1 y^* < x^*$,这意味着一次性偏离并不能提高参与人 1 的效用。同样方法,可以证明参与人 1 提出 $x < x^*$ 依然不能提高其效用。根据博弈结构的对称性,在参与人 2 首先提出分割建议的子博弈中,她也没有更为有利的一次性偏离机会。

(2) 考虑一个首先由参与人 1 回应分割建议的子博弈。在原策略中,参与人 2 提出 $(y^*, 1-y^*)$,参与人 1 会接受,效用为 y^*。如果参与人 1 拒绝了参与人 2 的建议,同时提出 $(x, 1-x)$ 的分割方式,我们可分 $x > x^*$,$x < x^*$ 以及 $x = x^*$ 三种情况讨论。根据(1)中的分析,前两种情况下的效用均低于 $x = x^*$ 时的效用 $\delta_1 x^*$。而 $\delta_1 x^* = y^*$,所以参与人 1 的一次性偏离仍不能提高其效用。同样,可以证明参与人 2 在回应对方建议时,也不存在更好的一次性偏离机会。综合(1)与(2)并运用定理 6.3.1,可得原策略组合构成子博弈完美纳什均衡。

现在我们总结一下无限期谈判博弈在时间贴现与固定成本两种情况下的均衡性质。首先,根据双方的均衡策略,利益划分均在第一轮即可完成。只要双方对各自情况及未来博弈的所有可能有着清楚的共同认识,便没有必要推迟合约的达成,因为待划分的饼将会变小。其次,决定划分份额的是贴现因子与固定成本的大小。耐心程度(δ_i)越大或固定成本(c_i)越小的谈判者将获得更大的份额。最后,谈判博弈还具有先行优势。在时间贴现情况下,如果双方耐心相同,即 $\delta_1 = \delta_2$,那么首轮提出建议者将获得大于或等于 1/2 的份额。而在固定成本情况下,对于成本较小者,她先提出建议可得全部利益,如后提则需让渡一部分利益给对手。对于成本较高者而言,如先提建议,则还可以得到部分份额,否则将一无所获。

§6.4 完全信息下的重复博弈

在本节中,我们将研究动态博弈中的特殊一类,即重复博弈(Repeated Game)。在重复博弈下,相同的博弈者不断重复地进行一个完全相同的博弈,这本身构成一种动态博弈。重复博弈具有一些共同的特性,比如均衡行为可以偏离每一轮博弈中的纳什均衡等。研究重复博弈有助于我们理解当博弈长期进行时,人们行为会发生什么变化。我们的介绍将从两轮囚徒困境开始。

单轮囚徒困境中,博弈者陷入社会无效率均衡($-5, -5$)是无法避免的。[1] 当囚徒困境进行两轮时,进入社会最优均衡($-2, -2$)是否有可能呢?假设囚徒乙第一轮选择了不招供,以求换取对手的合作回应。如果只看当轮,合作对于甲来说不是最好选择。乙能够促使甲弃优取劣的唯一方法就是威胁对手如不合作,下轮就会有惩罚。那么第二轮

---

[1] 囚徒困境中各策略组合的效用见本书第 5 章图 5.1。

乙拥有惩罚对手的能力吗？答案是有。第二轮，甲将总是选择严格占优策略，即招供。乙虽然不能改变甲的第二轮行为，却可以影响甲第二轮的效用。如果乙第二轮选不招，甲得 -1，如果乙选招，甲得 -5。所以乙可以这样做，即若甲第一轮招供，乙第二轮就招（大棒）；若甲第一轮不招，乙下一轮也不招（胡萝卜）。乙试图以这种大棒加胡萝卜的办法让甲在第一轮不招供。看起来很好的一种方案，却是不可信的。因为乙的胡萝卜不可信。毕竟博弈只有两轮，最后一轮招供对乙来说也是严格占优策略。所以在两轮或任何有限轮的囚徒困境博弈中，通过逆向归纳法可以发现每人每轮都招供是唯一合理的均衡。

以上分析提供的思路是：如果博弈永远没有最后一轮，乙就有可能提出有效的惩罚威胁。下面我们就进入对无限重复囚徒困境的研究。当博弈者无法预知博弈何时结束或主观感受博弈冗长时，无限重复博弈模型比有限重复博弈模型更为合适。比如你和你的邻居在相互制造噪声还是相互制造宁静之间进行囚徒困境式的博弈时，由于无法知晓对方何时会搬走，一个无限重复模型可能更为合理，虽然这种博弈在理论上只可能是有限的。

我们讨论无限重复博弈是在这样一个环境之下：N 个博弈者每一轮都进行一次相同的博弈 $\mathbb{G}$ 直至无穷轮。在每一轮的博弈 $\mathbb{G}$ 中，博弈者 i 的纯策略集合是 G_i，效用函数 $u_i(g_i, g_{-i})$，$g_i \in G_i$。① 我们假设单轮博弈 $\mathbb{G}$ 存在唯一一个纳什均衡 $(g_1^*, \cdots, g_N^*)$。博弈者 i 在任意一轮的博弈中，都必须给出对以往所有可能出现场景的回应。所以，重复博弈下的策略比较复杂，它是从所有可能发生的博弈历史到当轮策略选择的一个函数。每一轮出现场景的集合是 $G = G_1 \times G_2 \times \cdots \times G_N$，那么在第 t 轮，每个博弈者所面临的历史集合就是 $h_t = G^t$。博弈者 i 在整个重复博弈下的策略 s_i 于是可以表示为一组无穷序列函数 $\{g_{i1}(\cdot), \cdots, g_{it}(\cdot), \cdots\}$，其中 $g_{it}: h_t \to G_i$ 在第 t 轮将每一种博弈历史对应于一个当轮策略选择。一个策略组合 $s = (s_1, s_2, \cdots, s_N)$ 将会产生一条事实上的博弈路径 $r(s)$，路径之外的选择不会影响到博弈效用，我们可将博弈者 i 的这条路径定义为 $r_i(s) = \{\bar{g}_{i1}, \cdots, \bar{g}_{it}, \cdots, \bar{g}_{i\infty}\}$，其中 $\bar{g}_{it} \in G_i$。那么博弈者 i 的总效用就可以表示为博弈路径下各轮效用的贴现和，即将每轮效用乘以一个对应的贴现因子 $\delta, \delta \in [0,1)$。② 因此，博弈者 i 的总效用 $\mathcal{U}_i(s) = \sum_{t=1}^{\infty} \delta^{t-1} u_i(\bar{g}_{it}, \bar{g}_{-it})$。现在，我们开始寻找在以上无限重复博弈模型中的子博弈完美纳什均衡。

定理 6.4.1 每个博弈者无论博弈历史是什么，每轮都选择单轮博弈 $\mathbb{G}$ 的均衡策略将构成无限重复博弈的一个子博弈完美纳什均衡，即对任何 i 和 t，$g_{it}(h_t) = g_i^*$ 构成一个子博弈完美纳什均衡。

---

① 由于重复博弈下的策略复杂，本节仅以纯策略为例，这将使表述简便，更易于理解，混合策略只需略作扩展。
② 这里假设所有博弈者的贴现系数都相同。

定理 6.4.1 的证明很简单：当 N 个博弈者都处于定理 6.4.1 中的状态时，如果有一个人试图单方面偏离，那么在她偏离的那一轮或几轮中，她的效用必定降低，因为其他人总是无条件选择博弈 G 下的纳什均衡策略。这样就导致没人会偏离。在无限重复的囚徒困境博弈中，每轮均招供就是一个子博弈完美纳什均衡。

§6.4.1 纳什回归与无名氏定理

除了定理 6.4.1 中的均衡之外，无限重复博弈中还存在着另一类子博弈完美纳什均衡，支持它的方法称为**纳什回归**（**Nash Reversion**）。一般来说，如果单轮博弈 G 下的纳什均衡没有带来最优社会效率，同时博弈 G 中还存在能使各方效用更高的策略组合，那么每个博弈者就可以执行这个策略组合。一旦发现有人偏离，其他博弈者就回归到执行单轮纳什均衡策略以作惩罚。纳什回归将会导致偏离者后续效用的损失。只要这种损失足够大，偏离行为就能够被阻止，合作性策略组合就可以被维持。下面给出纳什回归策略的严格定义。

定义 6.4.1 无限重复博弈中的策略组合 s 是一个纳什回归策略组合，如果：对于所有 $i=1,2,\cdots,N$，博弈者 i 总是执行 s 给出的每轮策略 g_{it}，一旦有对手偏离 s 给出的每轮策略 g_{-it}，她在以后的每轮博弈中则均执行单轮博弈 G 下的均衡策略 g_i^*。

重复博弈下的一个纳什回归策略组合 s 是否总是一个子博弈完美纳什均衡呢？它是否需要满足什么条件呢？由于重复博弈是一个连续的博弈，①我们可以运用一次性偏离原则，即只需证明没有任何博弈者会在任何一轮出现单方面一次性偏离就行了。假设博弈者 i 在第 t 轮出现了一次性偏离，偏离在该轮所能带来的最大效用是 $\hat{u}_i(\overline{g}_{-it}) = \underset{g_i \in G_i}{\text{Max}}\, u_i(g_i, \overline{g}_{-it})$。给定第 t 轮在博弈路径上对手的策略 $\overline{g}_{-it}$，博弈者 i 的一次性最优偏离是使自己当轮效用，即 $u_i(g_i, \overline{g}_{-it})$ 最大化。偏离将引发 t 轮之后对手回归到单轮博弈 G 下的纳什均衡策略 g_i^*，而当博弈者 i 恢复原策略 s 时，因对手将偏离 $\overline{g}_{-it}$，她自己也得执行 g_i^*。所以，第 t 轮的偏离能够带来的最大总效用是：$\hat{u}_i(\overline{g}_{-it}) + \dfrac{\delta}{1-\delta} u_i(g_i^*, g_{-i}^*)$。② 现在

---

① 根据定义 6.3.2，当 $T \to \infty$ 时，$\delta^T \to 0$，这使第 T 轮之后的效用可忽略。
② 从第 $t+1$ 轮开始，偏离者 i 的单轮效用都是 $u_i(g_i^*, g_{-i}^*)$。全部折成第 t 轮效用为：$\delta u_i(g_i^*, g_{-i}^*) + \delta^2 u_i(g_i^*, g_{-i}^*) + \cdots = \dfrac{\delta}{1-\delta} u_i(g_i^*, g_{-i}^*)$。

我们要将其与博弈者 i 不偏离策略组合 s 时的效用进行比较。在组合 s 下,从第 t 轮开始的后续子博弈给博弈者 i 带来的效用是 $\sum_{r=t}^{\infty} \delta^{r-t} u_i(\bar{g}_{ir}, \bar{g}_{-ir})$。支持策略组合 s 成为子博弈完美纳什均衡,就必须使在任何一轮的偏离效用小于或等于不偏离效用,即对于 $t=1,2,\cdots,\infty$,有:

$$\hat{u}_i(\bar{g}_{-it}) + \frac{\delta}{1-\delta} u_i(g_i^*, g_{-i}^*) \leq \sum_{r=t}^{\infty} \delta^{r-t} u_i(\bar{g}_{ir}, \bar{g}_{-ir})$$

以上不等式是纳什回归策略组合 s 成为子博弈完美均衡的充分必要条件。下面这个例子将应用该条件到无限重复的囚徒困境博弈。

例 6.5 无限重复囚徒困境博弈。在无限重复的囚徒困境博弈中,贴现因子 δ 要满足什么条件,两人每轮均不招供这一合作性策略组合才能成为子博弈完美纳什均衡?

解:在无限重复的囚徒困境博弈下,一个合作性的纳什回归策略组合是:双方每轮均不招供,一旦发现对方招供,那么在以后的所有轮中均招供。我们来考虑囚徒甲的一次性偏离。在第 t 轮,囚徒甲的单轮最优偏离策略是招供,偏离效用是 -1。而这将引发乙的纳什回归,即以后总是招供。因此甲以后每轮最大效用都是 -5。这样,甲从第 t 轮开始的偏离总效用是:$-1+\frac{\delta}{1-\delta}(-5)$。如果甲不偏离合作性的策略组合,她自第 t 轮起的总效用是:$(-2)+(-2)\delta+(-2)\delta^2+\cdots=(-2)\frac{1}{1-\delta}$。我们需要:$-1+\frac{\delta}{1-\delta}(-5) \leq (-2)\frac{1}{1-\delta}$。即当 $\delta \geq \frac{1}{4}$ 时,两人每轮均不招供的纳什回归策略组合就可以成为子博弈完美纳什均衡。∎

在无限重复的囚徒困境博弈中,并不仅有 $(-2,-2)$ 这个效用组合可以被纳什回归所支持。如果引入混合策略,在一轮中,每个人可获得的效用应是她在四种确定结局下效用的加权平均。比如,囚徒甲执行混合策略 1/2 概率招,1/2 概率不招;囚徒乙则执行混合策略 2/3 概率招,1/3 概率不招。这样一个策略组合将带来(乙:-4;甲:$-11/3$)的效用组合。图 6.8 勾画出单轮囚徒困境中所有可能效用组合的集合,$(-2,-2)$ 只是其中一个元素。我们期望在这个集合中,所有对双方来说均比单轮纳什均衡好的效用组合,即图 6.8 中的阴影部分,都能够通过纳什回归策略得以实现。Friedman(1971)的纳什回归无名氏定理(定理 6.4.2)对此作出了肯定的回答。

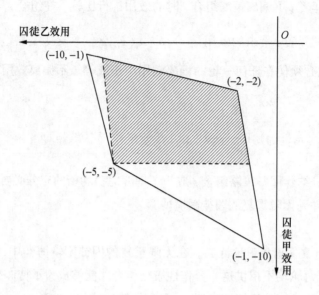

图 6.8 单轮囚徒困境可能效用组合的集合

定理 6.4.2 在无限重复的 N 人博弈中,$g=(g_1,g_2,\cdots,g_N)$ 是一个单轮的策略组合,如果对所有的 $i=1,2,\cdots,N, u_i(g)>u_i(g_i^*,g_{-i}^*)$,那么存在一个 $\underline{\delta}$,对所有 $\delta>\underline{\delta}$,每轮总执行 g 的纳什回归策略组合是一个子博弈完美纳什均衡。

在定理 6.4.2 中,由于每轮执行相同的策略,上文中给出的纳什回归策略组合充要条件不等式可以简化为:

$$\hat{u}_i(g_{-i})-u_i(g_i,g_{-i}) \leqslant \frac{\delta}{1-\delta}[u_i(g_i,g_{-i})-u_i(g_i^*,g_{-i}^*)]$$

当 δ 趋向于 1 时,上述不等式总是成立,于是便直接得到定理 6.4.2 的结论。我们将此定理应用到无限重复囚徒困境可得:甲乙效用均超过 -5 的所有效用组合,都可以被纳什回归所支持。

§6.4.2 更严厉惩罚与无名氏定理

并不是所有的无限重复博弈均衡都要求每轮执行相同的行为,当每轮行为不同时,每轮的效用也不同。这时,为了讨论重复博弈对单轮效用的影响,我们引入每轮**平均效用** $\bar{u}_i$

这一概念，即它将无穷轮所累积的总效用 $U_i(s)$ 平均到每一轮，因此 $\tilde{u}_i = (1-\delta)U_i(s)$。①
如果平均效用大于单轮博弈的纳什均衡效用，我们说无限重复博弈能够产生合作效应。
上节所介绍的纳什回归策略组合带来的就是合作效应。需要注意的是，无限重复博弈同
样也能产生恶化效应，即存在子博弈完美纳什均衡，它带来的平均效用要小于单轮博弈
的均衡效用。其原因在于：在单轮博弈的纳什均衡下，博弈者所获得的效用不一定是她
可能得到的最低效用，因此在无限重复的博弈中存在着比纳什回归更为严厉的惩罚，而
这将支持更大的可行效用集合。

我们定义一个博弈者 i 在单轮博弈 G 下的**最小最大效用**是：$\underline{u}_i = \text{Min}_{g_{-i}}[\text{Max}_{g_i} u_i(g_i, g_{-i})]$。$\underline{u}_i$ 是对手能够给博弈者 i 带来的最低效用，也是她可能面临的最严厉惩罚。在囚徒困境中，最小最大效用就是纳什均衡效用。有的博弈中却并非如此，如古诺竞争中，$\underline{u}_i = 0$，对手可以向市场大量投入产品从而将价格压至成本价。运用最小最大效用，无限重复博弈下的子博弈完美均衡可以支持哪些平均效用呢？定理 6.4.3 的结论来自于 Fudenberg 和 Maskin(1986) 的无名氏定理。

定理 6.4.3 在无限重复的 N 人博弈中，平均效用向量为 $\tilde{u} = (\tilde{u}_1, \tilde{u}_2, \cdots, \tilde{u}_N)$，如果对所有的 $i=1,2,\cdots,N, \tilde{u}_i > \underline{u}_i$，那么存在一个 $\underline{\delta}$，对所有 $\delta > \underline{\delta}$，平均效用向量 $\tilde{u}$ 能够被一个子博弈完美均衡所支持。

定理 6.4.3 意味着只要超过每个博弈者最小最大效用的平均效用组合，均可以在无限重复博弈中被支持，但它的支持策略将不再是纳什回归策略。Friedman(1971) 的无名氏定理是通过纳什回归来惩罚偏离者，而 Fudenberg 和 Maskin(1986) 的无名氏定理则是通过奖励坚持最小最大效用策略的博弈者，来保证其实施。

我们在此不给出定理 6.4.3 的完整证明，只是用一个无限重复的古诺竞争例子来说明实现它的策略特征。② 其中，每一轮古诺竞争的结构是：两对称厂商都有不变的边际成本 $c, c>0$，市场价格函数 $p(q)$ 单调递减，当产量 $q \to \infty$ 时，$p \to 0$。每个厂商的效用 $\pi(q) = [p(2q) - c]q$，考虑以下策略：

(i) 每个厂商在第一轮都选择产量 q'，只要第一轮无人偏离，而后的每轮便均选择垄

---

① 如果每轮平均效用为 $\tilde{u}_i$，那么 $U_i(s) = \tilde{u}_i + \delta \tilde{u}_i + \delta^2 \tilde{u}_i + \cdots = \frac{1}{1-\delta}\tilde{u}_i$。

② 此例来自 Mas-Colell et al. (1995, 第 422—423 页)。

断产量 q^*，其中 q' 由方程：$\pi(q') + \dfrac{\delta}{1-\delta}\pi(q^*) = 0$ 决定。①

(ii) 如果有厂商在需执行产量 q' 时偏离，策略(i)重新启动。

(iii) 如果有厂商在需执行产量 q^* 时偏离，纳什回归策略启动。

在单轮古诺竞争中，每个厂商的最小最大效用是 0，根据定理 6.4.3，在无限重复的古诺竞争下，只要是比 0 大的平均效用向量都能被一个子博弈完美均衡所支持。我们来看以上策略组合是如何实现这一点的。首先，运用一次性偏离原则，我们只需考虑一轮偏离而后回复原策略的情况。其次，厂商执行垄断产量 q^* 的效用高于单轮古诺均衡效用，因此策略的第(iii)部分可以为纳什回归支持。再次，在策略第(i)与(ii)部分中，选择的产量 q' 大得将利润 $\pi(q')$ 压至负数，其效用比古诺均衡效用要小，所以纳什回归无法执行对偏离 q' 的惩罚。这时，为支持产量 q'，可以对坚持该产量者提供奖励，即如不偏离则以后每轮开始执行垄断产量 q^*。容易看到，这样的产量 q' 是可以被支持的，因为当对手产量很大时，一次性偏离的收益为 0。而这并不比坚持原有策略好，因为原策略所带来的平均效用正是 0。所以，无限重复的古诺竞争能够将平均效用推至 0，从而和伯川德模型一致。最后，如减少产量 q'，使得 $\pi(q') + \dfrac{\delta}{1-\delta}\pi(q^*) > 0$，以上策略组合就可以实现其他大于 0 的平均效用向量了。定理 6.4.3 传递的信息是：在无限重复的博弈中，一切（超过最小最大效用集的情况）都有可能发生。

思 考 题

1. 考虑图 6.9 中蜈蚣博弈的一种形式。桌上有一块饼，甲、乙两人轮流行动以对其作出分割。每轮行动均有两种选择：一是停止，二是继续。当行动人选择停止时，该行动人获得饼的 α 部分，$\alpha \in [0,1]$，余下部分则归对手。当行动人选择继续时，选择权转换到对手同时饼增大一倍。此分割活动共进行 6 轮，在最后一轮，行动人如选继续，饼仍增大一倍，但将由对手得到饼的 α 部分。

---

① 两个厂商的垄断产量之和 $2q^*$ 等于市场为完全垄断时的总产量。

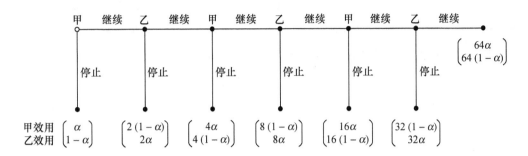

图 6.9　蜈蚣博弈

（1）运用逆向归纳法讨论不同 α 取值条件下的子博弈完美纳什均衡。

（2）哪些子博弈完美均衡是不太符合直觉的,你有何解释？

2. 图 6.10 是一个完全信息静态博弈 G,其中甲、乙两人分别从各自的策略集合 $\{A, B, C\}$ 与 $\{a, b, c\}$ 中同时选择策略,由此带来的效用如图 6.10 所示。现考虑一个将博弈 G 重复两次的动态博弈,第二轮均能观察到第一轮的博弈结果,且贴现因子 $\delta = 1$。

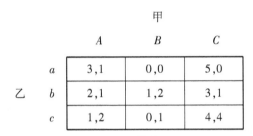

图 6.10　博弈 G

（1）画出以上动态博弈的扩展式。

（2）效用组合 (4,4) 能否在第一轮由一个纯策略的子博弈完美纳什均衡所支持？如果能,请找出该均衡；如果不能,请证明其不可能性。

3. 一个买方考虑是否从一个卖方处购入某产品。当买方决定不购买时,双方效用均为 0。而当买方决定购买时,卖方则可以在质量上进行欺骗。如卖方欺骗,那么卖方效用为 2,买方效用为 -1；如卖方不欺骗,双方效用则都为 1。买卖双方现无限重复以上博弈,贴现因子为 $\delta, \delta \in (0,1)$。

（1）画出单轮博弈的规范式,并找出其所有的纳什均衡。

（2）在无限重复博弈中,卖方不欺骗的行为在怎样的条件下才能被支持。

（3）刻画出无限重复博弈中的可行平均效用集合。

4. 考虑一种无限期谈判博弈,其中 A,B 两人分割一块钱。在每一轮谈判中,自然随机选择一位首先提出分割建议的人,选择 A 的概率是 α,选择 B 的概率是 $1-\alpha,\alpha\in(0,1)$。建议人提出分割建议后,另一方如接受,则双方依照建议分别获得效用,同时谈判结束;如不接受,则谈判进入下一轮,自然依概率重新开始选择新的建议人。谈判双方在其自身行动的任一时点均可单方面停止谈判,在此情况下,A,B 分别获得 O_A 与 O_B 的外部效用,$O_A+O_B<1$。贴现因子是 $\delta,\delta\in(0,1)$,分割份额与外部效用均受贴现因子影响。

(1) 画出博弈扩展式。

(2) 当外部效用 $O_A=O_B=0$ 时,子博弈完美纳什均衡是什么?

(3) 当 $O_A>0$ 且 $O_B>0$ 时,子博弈完美纳什均衡有什么变化?

参考文献

Blackwell, D. (1965), "Discounted Dynamic Programming", *Annals of Mathematical Statistics* 36: 226—235.

Fudenberg, D., and E. Maskin (1986), "The Fork Theorem in Repeated Games with Discounting or with Incomplete Information", *Econometrica* 54: 533—556.

Fudenberg, D., and J. Tirole (1991), *Game Theory*, Cambridge, Mass.: The MIT Press.

Gal-Or, E. (1985), "First Mover and Second Mover Advantages", *International Economic Review* 26: 649—653.

Mas-Colell, A., M. Whinston, and J. Green (1995), *Microeconomic Theory*, Oxford University Press.

Ray, D. (2003), *Game Theory Notes*, New York University.

Rubinstein, A. (1982), "Perfect Equilibrium in a Bargaining Model", *Econometrica* 50: 97—109.

Rubinstein, A., and M. J. Osborne (1994), *A Course in Game Theory*, Cambridge, Mass.: The MIT Press.

Selton, R. (1965), "Spieltheoretische Behandlung eines Oligopolmodells mit Nachfragetragheit", *Zeitschrift fuer die gesampte Staatswissenschaft* 121: 301—324, 667—689.

Selton, R. (1975), "Reexamination of the Perfectness Concept for Equilibrium Points in Extensive Games", *International Journal of Game Theory* 4: 25—55.

Selton, R. (1978), "The Chain Store Paradox", *Theory and Decision* 9: 127—159.

Shaked, A., and J. Sutton. (1984), "Involuntary Unemployment as a Perfect Equilibrium in a Bargaining Model", *Econometrica* 52: 1351—1364.

Stahl, I. (1972), *Bargaining Theory*, Stockholm: Economics Research Unit.

von Stackelberg, H. (1934), *Marktform und Gleichgewicht*, Wien: Verlag von Julius Springer.

第 7 章 不完全信息静态博弈

我们在上两章中介绍了完全信息下的动态和静态博弈以及它们的解,现在我们就进入不完全信息静态博弈的内容。通过本章的学习,读者应:

- 了解 Harsanyi 转换的方法。
- 理解贝叶斯纳什均衡的概念及其假设。
- 了解拍卖理论的主要内容及求解均衡的过程。
- 明确机制设计的基本思路,了解一些经典机制,并能进行简单的机制设计。

§7.1 Harsanyi 转换

von Neumann 和 Morgenstern (1944)用不完全信息(Incomplete Information)来指代那些博弈结构中未得到清楚定义的部分。比如，在完全信息鹰鸽博弈基础上，我们可进一步假设每个博弈者均有两类，强类与弱类，而每类均可执行鹰与鸽这两种策略。给定对手的策略，同一博弈者的强类与弱类在执行同样策略时所得的效用是不同的。由于博弈时一方只知道自己的类型，但不知道对手的类型，博弈者因此无法知晓给定策略组合下各方的最终效用，即博弈效用部分没有清楚定义。[①] von Neumann 和 Morgenstern(1944)认为如果博弈模型本身的构成要素缺乏清晰的定义，人们将无法对其进行有效研究。因此，他们只针对对手行为不确定的情形，提出用不完美信息的概念，以设立信息集的方式来处理无法区分决策点的状况（见第 4 章）。但现实中总是存在着不清楚对手类型的博弈场景，比如买方在旧车市场上不知道卖方所卖车的真实品质（不同品质类型的车成交后带给各方的效用不同），厂商在劳动力市场上不知道劳动者的真实生产率（不同生产率类型的工人被雇用后也导致各方不同的效用），等等。基于此问题，Harsanyi(1967—1968)提出了一个不完全信息博弈的理论框架，将对不完全信息的分析转化到不完美信息的架构下，我们称之为 **Harsanyi 转换**。[②] 这一转换也为现代信息经济学提供了一个统一的理论基础。[③]

我们将用 Harsanyi(1967—1968)中的一个例子来阐明不完全信息博弈模型的构建以及 Harsanyi 转换。假设有两个厂商在竞争一个市场，竞争为零和式，即一个得多少，另一个就失多少。每个厂商都有两种类型，低成本或高成本。每种类型又有两种策略，强对抗或弱对抗。于是可能出现的厂商对决有四种，即低成本厂商 1 对低成本厂商 2，低成本厂商 1 对高成本厂商 2，高成本厂商 1 对低成本厂商 2 和高成本厂商 1 对高成本厂商 2。图 7.1 分别给出了这四种情形下的博弈效用。这是一个不完全信息博弈，每个厂商都不知道对手的类型，因此也不知道博弈效用。要进行有效分析，我们假

---

① 一个现实例子是厂商可能有两种融资成本，低利率（强类）与高利率（弱类）。融资成本是私人信息。当厂商与对手竞争时，需决定对产品是定低价（鹰）还是高价（鸽）。此时，厂商的策略则表现为不同融资成本条件下的定价决定。
② Myerson(2004)对 Harsanyi(1967—1968)作了一个很好的归纳与评价。
③ 信息经济学是微观经济学的一个分支，研究信息不对称条件下的经济决策与选择，代表性论文有 Akerlof(1970)，Spence(1973)和 Stiglitz(1977)等。

设虽然一方并不知另一方类型,但是所有类型出现的联合概率分布须是共同认识。我们称这个联合概率分布为先验分布(Prior Distribution),即在无任何信息获取时对整个博弈可能出现类型组合的一个最初看法。图7.2(a)中给出了两厂商类型的先验分布。厂商的成本是私人信息,自己知道,而对手不知道。给定一个先验分布,不同类型的厂商会根据自身观察到的私人信息,形成对对手类型认识的条件分布,我们称之为后验分布(Posterior Distribution)。比如厂商1发现自身为低成本,那么她会依据先验分布,算出对手是高成本的可能性为 $0.2/(0.2+0.3)=0.4$;低成本的可能性则为0.6。如果厂商1是高成本,她认为对手也是高成本的概率是 $0.4/(0.4+0.1)=0.8$,为低成本的概率是0.2。图7.2中的(b)和(c)分别是厂商1与2对对手类型认识的后验分布。如何将这个不完全信息模型转化为我们已知的不完美信息模型呢?Harsanyi(1967—1968)引入一个第三方"自然"(Nature),让自然依据先验分布分别为两个厂商选择类型。同一厂商但类型不同时,其博弈行为选择有可能不同。因此,对于某个厂商来说,博弈策略就不再是简单地选择一个行动,而是分别给出每种类型之下的行动选择,即策略成为从所有可能类型映射到相应行动选择的一个函数:{高成本,低成本}→{强对抗,弱对抗}。如果我们假设两厂商的这种策略函数是共同认识,那么通过函数的对应关系,不知道对手类型就转化为不知道对手行动,知道对手类型的分布也就知道了对手行动的分布。通过假设类型的先验分布以及策略函数均为共同认识,不完全信息博弈就转变为不完美信息博弈。

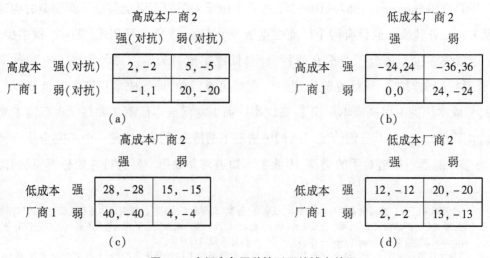

图7.1 市场竞争四种情形下的博弈效用

	高成本 厂商 2	低成本 厂商 2
高成本厂商 1	0.4	0.1
低成本厂商 1	0.2	0.3

（a）厂商类型的联合概率分布

	高成本 厂商 2	低成本 厂商 2
高成本厂商 1	0.8	0.2
低成本厂商 1	0.4	0.6

（b）厂商 1 对厂商 2 类型认识的条件分布

	高成本 厂商 1	低成本 厂商 1
高成本厂商 2	0.67	0.33
低成本厂商 2	0.25	0.75

（c）厂商 2 对厂商 1 类型认识的条件分布

图 7.2　市场竞争博弈下的三种分布

§7.2　贝叶斯纳什均衡

求解上节中不完全信息市场竞争博弈的均衡就是要计算出每个厂商的相互最优策略函数，即均衡下厂商 1 的策略函数须是对厂商 2 策略函数的最优回应，反之亦然。这就是纳什均衡的思想，因博弈者在选择自身策略函数时，需应用贝叶斯法则对对手的类型进行推断，所以这种均衡被称做**贝叶斯纳什均衡**（**Bayesian Nash Equilibrium**）。注意到厂商的策略函数是根据私人类型的实现情况而提出的行动选择，因此要实现一个厂商总的期望效用（先验期望）最大化，只需要求在它的每一种类型之下，策略函数给出的行动都能使该类型的期望效用（后验期望）最大化。Harsanyi(1968)给出了两厂商的一个策略函数组合（厂商 1：高成本类型弱对抗，低成本类型强对抗；厂商 2：两种类型都强对抗）。我们下面来验证这对策略函数是否构成了相互最优。

给定厂商 2 策略，厂商 1 实现的类型如果是高成本，以上策略函数给出的选择是弱对抗，我们需要证明弱对抗对高成本厂商 1 来说是最优的。根据图 7.2 中的条件概率分布，高成本厂商 1 认为其遇到高成本厂商 2 的概率是 0.8，遇到低成本厂商 2 的概率为 0.2。既然厂商 2 无论什么类型总是用强对抗，那么运用图 7.1(a)与(b)中的效用值，可以计算出高成本厂商 1 执行强对抗的期望效用为 $0.8 \times 2 + 0.2 \times (-24) = -3.2$，执行弱对抗的期望效用是 $0.8 \times (-1) + 0.2 \times 0 = -0.8$。所以，厂商 1 在高成本下应确定选弱对抗。用同样方法,我们可以证明厂商 1 在低成本下的最优选择应是强对抗。最后,给定厂商 1 的策略,我们容易验证无论厂商 2 的类型是高还是低,选择强对抗都是最优,这样就可以说,(厂商 1:高成本类型弱对抗,低成本类型强对抗;厂商 2:两种类型都强对抗)构成了一个贝叶斯纳什均衡。

下面给出不完全信息静态博弈的一般框架和贝叶斯纳什均衡的严格定义。在一个不完全信息 N 人静态博弈中,博弈者 i 的效用不仅取决于自己与对手的策略组合,而且取决于自身的私人类型(Type)θ_i。随机变量 $\theta_i \in \Theta_i$,它只能为博弈者自身,而不能被对手所观测。θ_i 包含了博弈者 i 所有的不确定信息。这样,博弈者 i 的纯策略就是一个从自身类型集合 Θ_i 到可选行动集合 $\mathscr{A}_i$ 的函数,即 $s_i:\Theta_i \to \mathscr{A}_i$。其混合策略则为纯策略集合 S_i 中元素的一个概率分布,即 $\sigma_i:S_i \to [0,1]$(以下定义均以纯策略为例,对应混合策略的定义只需将 s_i 替换为 σ_i 即可)。不完全信息博弈要求:虽然每个博弈者并不知道对手的类型,但是所有类型出现的联合累积分布 $F:\Theta \to [0,1]$ 需为共同认识,其中 $\Theta = \Theta_1 \times \Theta_2 \times \cdots \times \Theta_N$。博弈者 i 观察到私人类型 θ_i 后的效用可以表示为 $U_i(s_1(\theta_1), \cdots, s_N(\theta_N)|\theta_i)$,$U_i(\cdot|\theta_i)$ 是在给定 θ_i 下的 von Neumann-Morgenstern 期望效用函数,因为其包括的对手策略均为随机变量。于是,$U_i(\cdot|\theta_i) = E_{\theta_{-i}}[u_i(s_i(\theta_i), s_{-i}(\theta_{-i}), \theta_i)|\theta_i]$,其中 $\theta_{-i} \in \Theta_{-i} = \Theta_1 \times \cdots \times \Theta_{i-1} \times \Theta_{i+1} \times \cdots \times \Theta_N$,而 $u_i(\cdot)$ 则是确定条件下的 Bernoulli 效用函数,它是自己与对手的确定行动以及自身类型的函数。总结起来,一个 N 人不完全信息静态博弈就由 $\{S_i, \Theta, F(\cdot), u_i(\cdot)\}$ 这几个要素构成。在此框架下,我们给出贝叶斯纳什均衡的严格定义。

定义 7.2.1 在一个 N 人不完全信息静态博弈 $\{S_i, \Theta, F(\cdot), u_i(\cdot)\}$ 下,纯策略组合 $(s_1(\theta_1), \cdots, s_N(\theta_N))$ 构成一个(纯策略)贝叶斯纳什均衡,当且仅当:对于所有的博弈者 $i, i = 1, 2, \cdots, N$,在其所有可能的类型 $\theta_i, \theta_i \in \Theta_i$ 之下,对于其任何策略 $s_i' \in S_i$,都有 $E_{\theta_{-i}}[u_i(s_i(\theta_i), s_{-i}(\theta_{-i}), \theta_i)|\theta_i] \geq E_{\theta_{-i}}[u_i(s_i'(\theta_i), s_{-i}(\theta_{-i}), \theta_i)|\theta_i]$。

由于不完全信息博弈下的贝叶斯均衡策略本身是函数,其求解要比完全信息博弈下更为困难。对于参与者类型为离散变量的博弈,可通过建立联立方程组的方法来求解,比如本章第一节中的例子。而当类型分布为连续可导时,则可通过建立微分方程的途径求解。我们在下一节中将以拍卖理论为例,介绍不完全信息静态博弈模型的建立以及贝叶斯纳什均衡的计算。

§7.3 拍卖理论

现代拍卖理论是从 Vickery(1961)开始,20 世纪 80 年代以来出现大量文献,其中以静态博弈为分析框架的拍卖问题主要是围绕收入相等法则(Revenue Equivalence Principle)和联系法则(Linkage Principle)两个基本原理展开的。前者是指当买家对物品的主观价值判断是独立同分布时,不同形式的拍卖产生的收入总是相等的。后者则揭示了当买家价值判断相关时,不同拍卖形式带来收入高低的规律。静态拍卖主要有密封一价拍卖和密封二价拍卖,它们是分配一个不可分物品的两种方式。在密封一价拍卖下,每个买家以密封方式向卖家提交各自的标价,最后由标价最高的买者赢得物品,并向卖者支付其标价。而在密封二价拍卖中,每个买家也是以密封方式向卖家提交标价,并由标价最高者赢得物品,但却不向卖者支付自身标价,而是支付次高的标价。

为什么说静态拍卖是一个不完全信息静态博弈呢?首先,每个买家对拍卖物品的主观价值是私人信息,其对手以及卖家都不能观测到这个信息。其次,买家的效用取决于这个私人信息,在给定标价下,主观价值越高,赢得物品后的效用必然也高。最后,买家的私人价值不同,给出的投标价也会不同,贝叶斯均衡就是要找出私人价值与最优标价之间的函数关系。因此,一般我们假设拍卖中,有 N 个风险中性的买家,买家 i 对拍卖物品的主观价值是 $X_i, i = 1, 2, \cdots, N$。X_i 是个随机变量,其实现的值只能被买家 i 自己观察到。在独立同分布的模型中,所有买家的价值是独立的,并且服从 $[0, \omega]$ 上的同一累积分布 $F(\cdot)$,$f(\cdot)$ 则是其概率密度函数,而正实数 ω 是买家可能获得的最大价值。买家 i 的策略就是从主观价值到投标价的函数,即 $\beta_i : [0, \omega] \to \mathbb{R}^+$。我们的目标就是要计算构成贝叶斯纳什均衡的策略组合 $(\beta_1(\cdot), \cdots, \beta_N(\cdot))$。

我们先看密封一价拍卖。在独立同分布的假设下,我们猜测均衡投标策略函数是单调递增且对每个买家来说是相同的,用 $\beta(\cdot)$ 来表示。根据此猜测,我们将先寻找投标策略函数的形式,最后再验证它确实是一个贝叶斯纳什均衡。我们将以买家 1 为例进行推导,在其主观价值为 x 的情况下,假设她将投出标价 b。拍卖博弈的期望效用便为 $\Pr(b$ 赢得物品$)(x-b)$,其中 $\Pr(b$ 赢得物品$)$ 表示该买家用标价 b 赢得拍卖品的概率,$x-b$ 是她赢后的效用,即价值减支付后的剩余。由于在均衡下,其他买家的投标函数都为 $\beta(\cdot)$,标价 b 赢得物品的概率就等于其对应的价值 $\beta^{-1}(b)$ 高于所有对手价值的概率。用 Y_1 来表示除买家 1 之外的 $N-1$ 个主观价值在随机实现后的最大值,即 $Y_1 = \underset{i \neq 1}{\operatorname{Max}} X_i$,$Y_1$

的分布就是 $F^{N-1}(\cdot)$。这样,$\Pr(b\ \text{赢得物品})$ 便等于 $\Pr(\beta^{-1}(b)>Y_1)=F^{N-1}(\beta^{-1}(b))$。买家 1 的问题就是选择合适的标价,以使其竞标博弈的期望效用最大化,即解:

$$\underset{b\in[0,\beta(\omega)]}{\text{Max}} F^{N-1}(\beta^{-1}(b))(x-b)$$

注意在上式中,只有最优解 b^* 才是均衡标价,才能满足 $b^*=\beta(x)$。所以,在求解之前并不能将 $\beta^{-1}(b)$ 直接替换成 x。另外,可以看到买家 1 的投标价区间是 $[0,\beta(\omega)]$。这是因为我们假定投标函数 $\beta(\cdot)$ 是单调递增的,所以其对手投标价的上下限就分别是 0 和 $\beta(\omega)$。① 运用反函数求导公式,一阶最优条件给出的方程是:②

$$\frac{(N-1)F^{N-2}(\beta^{-1}(b^*))f(\beta^{-1}(b^*))}{\beta'(\beta^{-1}(b^*))}(x-b^*)-F^{N-1}(\beta^{-1}(b^*))=0$$

以上方程是在给定价值 x 下,买家 1 的最优标价 b^* 需满足的条件。这时,可以将均衡条件 $b^*=\beta(x)$ 代入上式,变形得:

$$[F^{N-1}(x)]'(x-\beta(x))=\beta'(x)F^{N-1}(x)$$

根据上式,我们相应可以得到:

$$[\beta(x)F^{N-1}(x)]'=x[F^{N-1}(x)]'$$

由于起始条件是 $\beta(0)=0$,于是可以解出最优投标函数:

$$\beta(x)=\frac{N-1}{F^{N-1}(x)}\int_0^x tF^{N-2}(t)f(t)\,\mathrm{d}t$$

我们通过均衡的必要条件推导出了最优投标函数,对其充分性的检验就很直接了,这里不再介绍。③ 另外,独立同分布的投标者使用相同的投标函数,我们一般称做对称均衡,拍卖中对称均衡的存在性与唯一性均为文献所证明。④

密封二价拍卖的均衡较为简单,每个买家都提交自己的主观价值作为标价就构成一个贝叶斯纳什均衡。事实上,提交各自的主观价值对每个买家来说还是占优策略。以买

---

① 价值为 0 时,买家 1 不会提交正标价,因为即使赢了,也是负效用;如果其他人都遵循单调投标函数 $\beta(\cdot)$,可能的最高标价就是 $\beta(\omega)$,买家 1 不会单方面提交更高标价 $b>\beta(\omega)$,因为将 b 稍微降一点并不改变赢的概率,但却能提高赢后的剩余。

② 反函数求导公式为:$(f^{-1})'(x)=\dfrac{1}{f'(f^{-1}(x))}$。

③ Krishna(2002) 对拍卖理论作了详细介绍,第 17—18 页是对 $\beta(\cdot)$ 充分性的证明。

④ 见 Maskin 和 Riley (2000,2003),Athey(2001) 和 Lebrun(2002) 等。

家 1 为例,如果她真实的价值为 x,我们会发现她提交竞标价 $b=x$ 永远不会比提交 $b<x$ 或 $b>x$ 要差。假设买家 1 的 $N-1$ 个对手中最高竞标价为 $\hat{b}$,考虑买家 1 提交标价 $z>x$ 的情况。如果 $\hat{b}>x$,提交 x 必输。而提交 $z>x$ 则有可能赢,但在赢的情况下(即 $z>\hat{b}$)只会带来负效用,所以提交 $z>x$ 并不会改善期望效用。如果 $\hat{b}<x$,提交 x 必赢,因此提交 $z>x$ 并不改变竞标结局。如果 $\hat{b}=x$,输赢效用都是 0,提高标价没有必要。这样,在任何情况下,买家 1 提交标价 $z>x$ 都不会比提交 x 好。同样方法可以证明提交标价 $z<x$ 也不会比提交 x 好。于是在密封二价拍卖中,每个买家提交自身的主观价值也构成一个占优策略均衡。

下面我们比较在两种拍卖形式的均衡下,拍卖收入如何。在密封一价拍卖中,每个买家实现自身价值 x 后的期望支付额,等于她的标价 $\beta(x)$ 乘上她赢的概率 $F^{N-1}(x)$,即期望支付额为:

$$F^{N-1}(x) \times \frac{N-1}{F^{N-1}(x)} \int_0^x tF^{N-2}(t)f(t)\mathrm{d}t = (N-1)\int_0^x tF^{N-2}(t)f(t)\mathrm{d}t$$

卖家从一个买家那里获取的期望收入则需对 x 再求一次期望,即:

$$(N-1)\int_0^\omega \left[\int_0^x tF^{N-2}(t)f(t)\mathrm{d}t\right]f(x)\mathrm{d}x$$

这样,拍卖总的均衡收入等于 N 个买家的期望支付额之和,利用交换积分次序的方法,可得总收入为:

$$N(N-1)\int_0^\omega \left[\int_t^\omega f(x)\mathrm{d}x\right]tF^{N-2}(t)f(t)\mathrm{d}t = N(N-1)\int_0^\omega t[1-F(t)]F^{N-2}(t)f(t)\mathrm{d}t$$

在密封二价拍卖下,卖者获得的是第二高的标价,而每个买家的均衡策略又是提交自身价值,所以拍卖总收入应是 N 个随机价值实现后第二大的数,称为第二大次序统计量(Order Statistic),其期望为 $\int_0^\omega tN(N-1)[1-F(t)]F^{N-2}(t)f(t)\mathrm{d}t$。[①]这样,我们便发现密封一价与二价拍卖在均衡之下的收入是完全相同的。

常见的公开动态竞价式拍卖有英国式拍卖与荷兰式拍卖。在英国式拍卖中,投标者

---

① 用 $G(\cdot)$ 来表示 N 个服从 i.i.d. $F(\cdot)$ 分布的随机变量每次实现后第二大数 T 的累积概率分布。$G(t) = \Pr(T \leqslant t) = \Pr[(N \text{个变量都小于等于} t) \cup (N-1 \text{个变量小于等于} t \text{同时 1 个变量大于} t)]$。$\Pr(N \text{个变量都小于等于} t) = F^N(t)$,$\Pr(N-1 \text{个变量小于等于} t \text{同时 1 个变量大于} t) = NF^{N-1}(t)(1-F(t))$。因此,$G(t) = NF^{N-1}(t) - (N-1)F^N(t)$,于是其密度函数为 $g(t) = N(N-1)[1-F(t)]F^{N-2}(t)f(t)$。对次序统计量的详细介绍可见 David 和 Nagaraja(2003)。

轮番提高标价,最后给出最高标价者赢得物品,并支付此标价。① 而荷兰式拍卖则是从一个很高的价格连续向下降价,最先叫停的竞标者赢得物品,并支付叫停价。在买家主观价值是独立同分布的假设下,英国式拍卖与密封二价拍卖,荷兰式拍卖与密封一价拍卖具有相同的均衡结局。② 因此,这四种拍卖方式的均衡收入均相等,这就是收入相等法则。

定理 7.3.1 当风险中性买家的私人主观价值是独立同分布时,密封一价拍卖、密封二价拍卖、英国式拍卖和荷兰式拍卖具有完全相同的均衡收入。

Milgrom 和 Weber(1982)将投标者的私人主观价值由独立同分布假设扩展为协相关(Affiliated)假设。③ 同时,物品的真实价值 v 转变为所有投标者私人价值的函数 $v(X_1, \cdots, X_N)$,即每个人只掌握物品真实价值的部分信息。在这种环境下,收入相等法则失效,英国式拍卖带来的收入变为最高,二价拍卖次之,最后才是一价拍卖和荷兰式拍卖。这里,决定不同拍卖方式收益差异的原理称为联系法则,它说的是一种拍卖机制提供给竞标者关于物品真实价值的信息越多,即自身私人信息 X_i 与其认为的标的真实价值 $v(\cdot)$ 之间的统计联系越紧密,拍卖的均衡收入就会越高。如果买方缺乏标的真实价值的信息,将会因担心自己高估而投标过于谨慎,从而减少卖方的收入。英国式拍卖在连续的竞价过程中,物品真实价值的信息能够不断得以更新,根据联系法则,它带来的拍卖收入将是最高的。

§7.4 机制设计

上节中介绍的拍卖是分配物品的一种方式,在独立同分布的假设下,其配置结果是社会最优的,即总是价值最高者获得了拍卖品。现实中,我们面临着诸多类似集体决策

---

① 在英国式拍卖中,赢家最后并不用给出自己的真实意愿出价,他的出价只需比第二高的价格高一点即可。因此从理论上,赢家可视做只支付第二高的标价。

② 在英国式拍卖的均衡下,每个买家最高只会叫价到自己的主观价值 x;而在荷兰式拍卖的均衡下,每个买家则要等价格降到密封一价拍卖中的均衡标价 $\beta(x)$ 时才会叫停。

③ N 个随机变量 $X_1, \cdots, X_N$ 服从联合分布 f,让 $\boldsymbol{X} = (X_1, \cdots, X_N)$,对于任意两组 $\boldsymbol{X}$ 的实现值 $\boldsymbol{x}'$ 与 $\boldsymbol{x}''$,如果 $f(\boldsymbol{x}' \vee \boldsymbol{x}'')f(\boldsymbol{x}' \wedge \boldsymbol{x}'') \geq f(\boldsymbol{x}')f(\boldsymbol{x}'')$,其中 $\boldsymbol{x}' \vee \boldsymbol{x}'' = (\max(x_1', x_1''), \cdots, \max(x_N', x_N''))$,$\boldsymbol{x}' \wedge \boldsymbol{x}'' = (\min(x_1', x_1''), \cdots, \min(x_N', x_N''))$,我们就说这 N 个随机变量是协相关。简单地说,在协相关假设下,博弈者 i 实现的私人价值 x_i 越大,其对手私人价值较大的可能性也越高。

问题,比如投票流程的设计、公共品的提供等。在并不知悉参与人的私人偏好情况下,怎样才能尽可能好地实现社会最优目标呢?这类问题称为**机制设计**(Mechanism Design),它们在完全信息下很容易解决,根据各人的真实偏好,由中央计划机构作出最佳配置即可。然而在不完全信息情况下,人们不会自发地显示自己的真实偏好,除非这么做对个人有利。这时,集体决策又将如何进行呢?下面我们从一个公共品提供的例子开始对机制设计的详细讨论。

§7.4.1 机制设计的一个引例

假设中央政府计划在相邻的 A、B 两省交界处修建一条公路,这条路的总成本为 100 万元,而调研显示 B 省从此项目中将会获益 80 万元。A 省的获益则是私人信息,其值是处于 0 到 100 万元之间的随机变量。中央政府的目标是:如果两省的实际收益之和大于总成本 100 万元,就修这条路,否则就不修。这个目标显然是社会最优的,但核心问题是:如何让 A 省在区间 $[0,100]$ 万之内的任意收益下,都能够真实地上报。现在考虑以下三个方案。

方案 1:如果两省上报总收益大于 100 万元,路应修,同时中央政府完全承担修路成本;如果两省上报收益和小于或等于 100 万元,路就不修。这时,如果 A 省的真实收益是 10 万元,它肯定会至少高报为 20 万元以促使公路的建成。因其不用支付修路费,它的净收益就是 10 万元,但对整个社会来说,这个决策没有效率。所以方案 1 不能导致 A 省的真实上报,也不能实现社会最优配置。

方案 2 试图给受益省附加成本,即如果 A 省上报额加 B 省收益大于 100 万元,修路,同时两省分担修路成本各 50 万元。在这种情况下,如果 A 省的真实收益是 30 万元,它一定会低报至少 10 万元以使该计划流产。虽然此时修路本是社会最优决策,但如果 A 省真实上报,它应支付的修路费 50 万元将超过其收益。因此方案 2 也达不到效率目标。方案 2 失效的原因在于 A 省的真实上报将导致 B 省增长 30 万元收益,①但 A 省带给 B 省的这种正向外部性并没有提高 A 省自身的收益,只有将此外部性内化为 A 省的收益,A 省才会有真实上报的动力。这就是方案 3 的思路。

A 省在修路的情况下,其支付额应在 50 万元的修路费基础上,减去它给 B 省的外部性 30 万元,因此方案 3 为:如果 A 省上报值与 B 省收益和大于 100 万元,修路,但 A 省只

---

① 路不修时 B 省收益为 0,路修时 B 省净收益为 $80-50=30$(万元)。

支付20万元，B省支付 K 万元，$K\in[0,80]$ 万。① 在方案3下，真实上报将成为A省的占优策略。假设A的真实收益为 θ，如果它高报为 $\theta'>\theta$，考虑两种情况。一是 $\theta>20$ 万元，高报为 θ' 不改变配置结果，不改变支付额，因此没有必要高报；二是 $\theta\leq20$ 万元，真实报会使路修不成，收益为0，而高报则会导致两种情况，即修路与不修路。如果修路，A的净收益为 $\theta-20$ 万元，是非正数；如果不修，收益为0，所以高报也不比真实报好。同样方法可以证明，如果A低报为 $\theta'<\theta$，其收益也不比真实上报好。因此真实上报就是A的占优策略。方案3能够保证私人信息的真实显示，也实现了社会福利最大化的决策，但修路成本并不能被两省完全覆盖，中央政府还需进行一定补贴。

§7.4.2 机制设计的理论框架

上例中，决策的焦点是修路还是不修路，我们将其称为社会选择（Social Choice）。在一个社会选择场景中，有 N 个参与人，每人都有自己的私人类型 $\theta_i\in\Theta_i$，而所有人的类型集合则是 $\Theta=\Theta_1\times\cdots\times\Theta_N,i=1,2,\cdots,N$。我们可以将这 N 个人看做一个集体，它们所能作出的选择集合是 $\mathcal{C}$，这个集体需要根据所有参与人的类型 Θ 的实现情况，来作出相应的选择。这里用**社会选择函数**来描述不同的选择方式。②

定义7.4.1 一个社会选择函数是从所有参与人的类型集合到选择集合的一个映射，即 $f:\Theta\to\mathcal{C}$，它将参与人实现的任意一组类型 $(\theta_1,\cdots,\theta_N)$ 与一个社会选择 $c\in\mathcal{C}$ 相对应。

在修路的例子中，$\mathcal{C}=\{修,不修\}$，A省的类型 $\theta_A\in[0,100]$ 万元，B省的类型 $\theta_B=80$ 万元，方案3的社会选择函数 f 为：

$$f=\begin{cases}修路且A、B两省分别支付20万元和K万元，K\in[0,80]万元，& 如果 \theta_A+\theta_B>100 万元\\ 不修路且两省均不支付费用， & 如果 \theta_A+\theta_B\leq100 万元\end{cases}$$

这个社会选择函数显然是有效率的，它保证在真实总收益大于总成本的情况下修

---

① B省由于信息完全，中央政府可以要求它在修路的决定下支付从0到80万元间的任意值，B省均会接受。
② 出于简明阐述的目的，定义7.4.1中的社会选择函数是将一组类型与一个确定的社会选择联系起来，事实上它也可以将类型组合对应所有社会选择的一个概率分布。

路,否则则不修。现在的核心问题是如何实现它。在完全信息下,中央政府只需根据 θ_A 与 θ_B 的实现情况,按函数 f 直接实施就行了。但在不完全信息下,θ_A 是私人信息,如何实现 f 呢?这就需要设计一套机制(制度),让参与人在自身效用最大化的目标下,在允许规则的框架中,进行博弈与选择。如果最后的均衡结果总是与社会选择函数 f 的配置相一致,那么我们说此机制(制度)下的均衡**执行**(**Implement**)了 f。机制设计就是创造能够执行给定社会选择函数的博弈规则。这样,一个机制 Γ 就是由每个参与人可能的策略集合 $S=(S_1,\cdots,S_N)$ 以及将策略组合对应集体选择的函数 $g:S_1\times\cdots\times S_N\rightarrow\mathcal{C}$ 组成,即 $\Gamma=(S,g)$,其中 S 与 g 是由该机制的规则所决定的。一个机制 Γ 加上每个参与人的私人信息集合 Θ,它们的联合概率分布 $\varphi(\cdot)$ 以及每个人的 Bernoulli 效用函数 $u_i(\cdot)$ 就构成一个完整的不完全信息博弈。这样,执行就可以严格定义如下:

定义 7.4.2 给定一个 N 人社会选择函数 f,在由机制 Γ 引致的博弈 $(\Gamma,\Theta,\varphi,u_i)$ 中,如果存在一个贝叶斯纳什均衡 $(s_1^*(\theta_1),\cdots,s_N^*(\theta_N))$,同时 $g(s_1^*(\theta_1),\cdots,s_N^*(\theta_N))=f(\theta_1,\cdots,\theta_N)$,那么机制 Γ 就执行了社会选择函数 f。

我们下面再给出一个例子,来解释一个社会选择函数是如何被执行的。

例 7.1 社会选择函数的执行。请写出一个社会选择函数并解释它是如何被一个机制所执行的。

解:我们研究一个社会选择函数 h,它将根据 N 个买家的主观价值 x_i, $i=1,2,\cdots,N$,来决定如何分配卖家的一个物品。我们假定买家的主观价值都是服从分布 $F(\cdot)$ 的随机变量,而且社会选择函数 h 的目标是将物品分配给主观价值最高的人,即追求社会效率,那么其函数形式为:

$$h=\begin{cases}\text{买家 } i \text{ 获得物品且支付卖家} \frac{N-1}{F^{N-1}(x_i)}\int_0^{x_i}tF^{N-2}(t)f(t)dt, \text{ 如果 } x_i>\underset{i\neq j}{\text{Max}}\,x_j, i,j\in\{1,\cdots,N\}\\ \text{买家 } i \text{ 不获得物品且不支付,如果 } x_i<\underset{i\neq j}{\text{Max}}\,x_j, i,j\in\{1,\cdots,N\}\\ \text{物品在价值最高者间任意分配且获得物品者支付卖家}\\ \quad\frac{N-1}{F^{N-1}(x_i)}\int_0^{x_i}tF^{N-2}(t)f(t)dt, \text{ 如果 } x_i=\underset{i\neq j}{\text{Max}}\,x_j, i,j\in\{1,\cdots,N\}\end{cases}$$

以上社会选择函数 h 将 N 个买家的主观价值对应于不同的物品分配方式,同时还要求最高价值者支付一个确定的金额 $\frac{N-1}{F^{N-1}(x_i)}\int_0^{x_i} tF^{N-2}(t)f(t)\mathrm{d}t$。下文将说明只有支付此对价,社会选择函数 h 才能由密封一价拍卖的均衡所执行。

我们需要构造一种机制,其中买者间博弈的均衡结果正好与函数 h 的配置一致,此机制就是密封一价拍卖。这个机制规定:每个竞标者的可行策略集合为 $S_i = [0, \infty)$,即它是可提交的标价集合。配置函数 g 是一价拍卖的规则,其函数形式为:

$$g = \begin{cases} \text{买家 } i \text{ 获得物品并支付卖家 } s_i, \text{如果 } s_i > \underset{i \neq j}{\text{Max}} s_j, i,j \in \{1,\cdots,N\} \\ \text{买家 } i \text{ 不获得物品也不支付,如果 } s_i < \underset{i \neq j}{\text{Max}} s_j, i,j \in \{1,\cdots,N\} \\ \text{物品在出价最高者间任意分配,获得物品者支付卖家 } s_i, \\ \quad \text{如果 } s_i = \underset{i \neq j}{\text{Max}} s_j, i,j \in \{1,\cdots,N\} \end{cases}$$

假设各个竞标者都是风险中性的,根据上一节的计算,此密封一价拍卖机制下的博弈有一个对称贝叶斯纳什均衡,即对任意买者 i 来说,均衡投标函数

$$s_i^*(x_i) = \frac{N-1}{F^{N-1}(x_i)}\int_0^{x_i} tF^{N-2}(t)\mathrm{d}t$$

在这个投标函数中,标价随私人价值是单调递增的。这意味着,按标价 s_i^* 分配物品的配置函数 g 与按真实价值 x_i 分配物品的社会选择函数 h 带来的最终配置总是完全一样的。∎

对于一个社会选择函数,能够执行它的机制 $\Gamma = (S, g)$ 可能很多,因为我们在制定 (S, g) 的规则上基本未作任何限制。下面来看诸多机制中的一种特殊形式,即**直接显示机制**(Direct Revelation Mechanism)。

定义 7.4.3 给定一个 N 人社会选择函数 f,机制 $\Gamma = (S, g)$ 是一个直接显示机制,当且仅当:对于任意参与者 i 来说,$S_i = \Theta_i, i = 1, 2, \cdots, N$,同时对于所有 $\theta \in \Theta, g(\theta) = f(\theta)$。

理解定义 7.4.3,需要注意以下三点。第一,参与人 i 的可行策略集合 S_i 为她的私人信息集合 Θ_i。这意味着参与人 i 在直接显示机制下的策略就是上报私人信息,而这个上报却并不一定要求真实,即允许 $s_i(\theta_i) = \theta_i', \theta_i' \neq \theta_i, \theta_i' \in \Theta$。第二,一个直接显示机制要求

有一个中立的中央清算机构来接受所有参与人的上报,并根据上报来代为所有参与人作出集体选择。第三,配置函数 g 作出的决定只依赖于上报 θ 而不管上报是否真实。如果 $\theta \neq \theta, g = f$ 的条件将会使实际选择 $f(\theta)$ 偏离原来的目标 $f(\theta)$。

显然,要实现社会选择函数 f,一般的直接(显示)机制是不够的,我们还必须要求这个直接机制是一个**真实上报直接(显示)机制**(Truthfully Reporting Direct(Revelation)Mechanism)。当一个直接机制下的博弈均衡能够保证真实上报时,我们也称该机制**激励相容**(Incentive Compatible)。

定义 7.4.4 N 人直接机制 $\varGamma = (\Theta, f)$ 是一个真实上报(激励相容)的直接机制,当且仅当:机制 $\varGamma$ 所引致的博弈 $(\varGamma, \Theta, \varphi, u_i)$ 存在一个贝叶斯纳什均衡 $(s_1^*(\theta_1), \cdots, s_N^*(\theta_N))$,其中,对所有的 $i = 1, 2, \cdots, N, s_i^*(\theta_i) = \theta_i$。

根据定义 7.4.4,在一个直接机制中,如果每个参与人同时向中央清算机构上报自己的真实信息构成该机制下的一个贝叶斯纳什均衡,那么这个直接机制就是激励相容的。显然,一个激励相容的直接机制 $\varGamma = (\Theta, f)$ 直接执行了社会选择函数 f。在本节开始的修路例子中,第三种方案就是一个激励相容的直接机制。A 省会真实上报,而中央政府根据上报所做的决策也实现了追求效率的社会选择函数。

至此,我们依次定义了机制、直接显示机制以及真实上报直接显示机制。它们依次是前一个包含后一个的关系。在寻找能执行一个给定社会选择函数的机制时,人们总是希望搜寻的范围越小越好。那么我们能不能仅仅关注真实上报直接显示机制呢?如此是否会有失一般性呢?机制设计理论中的一个重要原理——**显示原理**(Revelation Principle)告诉我们,如果要执行一个社会选择函数,我们只需要从真实上报(激励相容)的直接机制中寻找,而不用考虑其他形式的机制。这个原理大大缩小了我们进行机制选择的集合。

定理 7.4.1 只要存在一个机制 $\varGamma = (S, g)$ 能够执行社会选择函数 f,那么必然也存在一个能执行 f 的激励相容直接机制 $\varGamma' = (\Theta, f)$。

证明:机制 $\varGamma = (S, g)$ 能够执行社会选择函数 f 意味着:在博弈 $(\varGamma, \Theta, \varphi, u_i)$ 中,存在一个贝叶斯纳什均衡 $s^*(\theta) = (s_1^*(\theta_1), \cdots, s_N^*(\theta_N))$,使得 $g(s^*(\theta)) = g(s_1^*(\theta_1), \cdots, s_N^*(\theta_N)) = f(\theta_1, \cdots, \theta_N)$。对于任意一组私人信息 $\theta = (\theta_1, \cdots, \theta_N)$,博弈均衡将导致社会配置 $f(\theta)$。现在构造一个直接机制 $\varGamma' = (\Theta, f')$,其中所有参与人向中央清算机构上报

自己的私人信息 $\theta=(\theta_1,\cdots,\theta_N)$，然后中央机构根据 $f'=g(s^*(\theta))$ 作出社会配置。假设除了 i 之外的所有参与人都真实上报私人信息，即 $\theta_{-i}=\theta_{-i}$。如果 i 并不真实上报，那么实现的社会配置就是 $g(s^*(\theta_i,\theta_{-i}))$。现在考虑 i 是否应真实上报。真实上报的期望效用为 $E_{\theta_{-i}}[u_i(g(s^*(\theta_i,\theta_{-i})),\theta_i)|\theta_i]$，虚假上报的期望效用为 $E_{\theta_{-i}}[u_i(g(s^*(\theta_i,\theta_{-i})),\theta_i)|\theta_i]$。因为在机制 $\Gamma=(S,g)$ 下 $s^*(\theta)$ 构成贝叶斯纳什均衡，所以当对手执行策略组合 $s^*_{-i}(\theta_{-i})$ 时，博弈者 i 执行策略 $s_i^*(\theta_i)$ 将从函数 g 中分配到最高的效用，即 $E_{\theta_{-i}}[u_i(g(s^*(\theta_i,\theta_{-i})),\theta_i)|\theta_i]\geq E_{\theta_{-i}}[u_i(g(s^*(\theta_i,\theta_{-i})),\theta_i)|\theta_i]$。这意味着在直接机制 $\Gamma'=(\Theta,f')$ 下，如果其他所有参与人真实上报，自身也应真实上报，所以机制 Γ' 是一个激励相容直接机制。当所有人真实上报时，$f'=f$，于是 Γ' 也执行了社会选择函数 f。∎

从定理 7.4.1 可以看到，进行机制设计时仅关注激励相容的直接机制并不失一般性，这背后的原理是什么呢？如果机制 $\Gamma=(S,g)$ 下存在一个贝叶斯纳什均衡，那么我们总可构造一个相对应的直接机制 $\Gamma'=(\Theta,f)$。在此直接机制下，参与人只对自身类型进行上报。在中央清算机构收到所有人的上报之后，则依据 f 对各人分配效用。分配方式如下：可以想象该机构首先代替各参与人执行机制 Γ 下的均衡策略组合 $s^*(\cdot)$，然后接收 $s^*(\cdot)$ 在机制 Γ 下带给各参与人的效用，最后将接收的效用相应分配给各人。在如此构造的直接机制 Γ' 下，如对手都真实上报，参与人 i 也会真实上报，而且所有参与人得到的效用与在机制 Γ 下完全一样。[①]

下面，我们给出几个真实上报直接机制的例子。二价密封拍卖是一种机制，它能将物品配置给主观价值最高的竞标者。根据显示原理，一定存在一个激励相容的直接机制来实现同样配置。此机制如下：各参与人向中央清算机构上报主观价值 x，该机构依照均衡投标函数 $\beta^*(x)=x$ 计算出各人的投标价，然后再根据二价拍卖规则确定物品的分配对象以及各人的支付额。这样的直接机制必然导致真实上报。另外，上文中修路的例子本身描述的也是一个直接机制，其中方案 3 能够保证真实上报。

现在，我们考虑将修路的例子进行一下扩展，让 A、B 两省的真实收益 θ_A 与 θ_B 都成为私人信息，那么如何运用显示原理提出一个社会最优的直接机制呢？这就是下面我们将要介绍的 Vickrey-Clarke-Groves(VCG) 机制。

[①] 如参与人 i 上报 $\theta_i'\neq\theta_i$，那么 f 分配给她的效用将是她在机制 Γ 下执行策略 $s_i^*(\theta_i')$ 以对抗 $s^*_{-i}(\theta_{-i})$ 所得的效用，这显然不如真实上报从而执行策略 $s_i^*(\theta_i)$ 所得效用高，因为它是对 $s^*_{-i}(\theta_{-i})$ 的最优回应。

§7.4.3 VCG 机制

VCG 机制是一个能够实现社会效率目标同时又可保证真实上报的直接机制,以下例7.2 介绍了该机制的一种特殊情况。

例 7.2 Vickrey-Clarke-Groves 机制。当 A、B 两省的真实收益都是私人信息时,能否设计一种修路的决策机制,使社会效用最大化目标总能得以实现?

解:根据显示原理,我们只需要从真实上报的直接机制中进行寻找。决策目标是社会效用最大化,所以必须实现 $\theta_A + \theta_B > 100$ 万元就修路,而 $\theta_A + \theta_B \leq 100$ 万元就不修的目标。以下是一个直接机制 $\Gamma' = (\Theta, f')$,其中 θ_A、θ_B 分别表示 A、B 两省向中央机构的上报收益:

$$f' = \begin{cases} 修且 A 省付 100 万元 - \theta_B, B 省付 100 万元 - \theta_A, & 如果 \theta_A + \theta_B > 100 万元 \\ 不修且两省均不支付, & 如果 \theta_A + \theta_B \leq 100 万元 \end{cases}$$

如果直接机制 Γ' 是个真实上报的直接机制,那么社会最优目标就可以实现。我们对其是否激励相容作如下验证:给定 B 省的上报收益 θ_B,若 A 省的真实收益是 θ_A,它会高报为 $\theta'_A > \theta_A$ 吗? 考虑两种情况,一种是 $\theta_A + \theta_B > 100$ 万元,另一种是 $\theta_A + \theta_B \leq 100$ 万元。前一种情况下,A 省高报不会改变修路决策以及 A 省的支付额,所以 A 不会高报。后一种情况下,如果高报额 $\theta'_A \leq 100$ 万元 $-\theta_B$,高报也不改变集体决策与支付额。只有在高报为 $\theta'_A > 100$ 万元 $-\theta_B$ 时,决策才由不修路转变为修路,A 省的效用由 0 转变为 $\theta_A - (100$ 万元 $-\theta_B)$。但 $\theta_A - (100$ 万元 $-\theta_B) = (\theta_A + \theta_B) - 100$ 万元为非正数,所以 A 省仍不应高报。同样方法可以证明,A 省也不会低报。真实上报是每个省的占优策略。这里提出的直接机制 Γ' 是 VCG 机制的一种特殊情况。Vickrey(1961) 在分配一个不可分割物品问题上,Clarke(1971) 和 Groves(1973) 在公共品的提供问题上分别提出了类似机制。∎

我们现在就以 Groves(1973) 为例,介绍 VCG 机制的一般形式。Groves 机制是一个 N 人直接显示机制 $\Gamma = (\Theta, f)$,机制参与者 i 向中央清算机构上报自身类型 θ_i,$i = 1, 2, \cdots, N$,而中央机构则根据所有参与人的上报 θ 来作出社会选择。社会选择函数 $f = (x(\theta), t_1(\theta), \cdots, t_N(\theta))$ 由两大部分组成,其中 $x(\cdot)$ 是依照所有上报类型来作出某种集体决定的规则,而 $t_i(\cdot)$ 则是根据上报类型对每个参与人提出的支付要求。我们假设机制参与人都具有拟线性(Quasi Linear)的效用函数 $u_i(f(\cdot),\theta_i) = v_i(x(\cdot),\theta_i) - t_i(\theta)$,其中 $v_i(x(\cdot),\theta_i)$ 是参与人 i 从集体决定 $x(\cdot)$ 中所获得的效用。在 VCG 机制中,如果将参与人的支付接受者也看成社会一员,那么各人的支付要求就只会影响社会总效用的分配,而不影响总的效用值。由于中央清算机构只能接收到参与人的上报 θ,对于任意集体决定函数 $x(\cdot)$,中央机构也只能知道上报所对应的每个人效用 $v_i(x(\theta),\theta_i)$。因此,追求效率的 VCG 机制就应选择 $x^*(\theta)$,使得 $x^*(\theta) = \underset{x(\theta)}{\operatorname{argmax}} \sum_{i=1}^{N} v_i(x(\theta),\theta_i)$。只有当 VCG 机制能够保证真实上报时,集体决策规则 $x^*(\cdot)$ 才能真正实现社会最优。这使得各参与人的支付要求 $t_i(\cdot)$ 并不能随意设定,它们需满足激励相容条件的约束。而这往往使 VCG 机制难以同时做到预算平衡,即 $\sum_{i=1}^{N} -t_i(\cdot) \geq 0$。下面我们来看 Groves(1973)是如何设计一个激励相容的转移支付 $t_i(\cdot)$ 的:

$$t_i(\theta) = q_i(\theta_{-i}) - \sum_{j \neq i} v_j(x^*(\theta),\theta_j)$$

上式中,θ、θ_{-i} 和 θ_j 均表示机制参与人对自身私人信息的上报。上式右侧第一项是一个并不取决于自身上报,而只依赖于对手上报的任意函数;上式右侧第二项是中央清算机构根据所有参与人的上报作出最优社会选择后,它认为除参与人 i 之外,其他参与人从集体选择中所获效用的总和。在此转移支付函数下,机制参与人 i 的个人效用为:

$$u_i(f(\theta),\theta_i) = v_i(x^*(\theta_i,\theta_{-i}),\theta_i) + \sum_{j \neq i} v_j(x^*(\theta_i,\theta_{-i}),\theta_j) - q_i(\theta_{-i})$$

现在关键的问题是:对于一组私人信息 (θ_i,θ_{-i}),参与人 i 真实上报,即 $\hat{\theta}_i = \theta_i$,是否会使其效用 $u_i(f(\theta),\theta_i)$ 最大化?

考虑一组上报信息 (θ_i,θ_{-i}),集体选择函数 $x^*(\cdot)$ 的构造意味着:

$$v_i(x^*(\theta_i,\theta_{-i}),\theta_i) + \sum_{j \neq i} v_j(x^*(\theta_i,\theta_{-i}),\theta_j)$$
$$\geq v_i(x^*(\hat{\theta}_i,\theta_{-i}),\theta_i) + \sum_{j \neq i} v_j(x^*(\hat{\theta}_i,\theta_{-i}),\theta_j)$$

其中,$\hat{\theta}_i \neq \theta_i$。以上不等式之所以成立,是因为 $x^*(\theta_i,\theta_{-i})$ 所作的集体选择将使基于上报 (θ_i,θ_{-i}) 的集体效用最大化,即 $x^*(\theta_i,\theta_{-i})$ 将 $\operatorname{Max} v_i(\cdot,\theta_i) + \sum_{j \neq i} v_j(\cdot,\theta_j)$。对照以上参与人 i 的个人效用函数 $u_i(f(\theta),\theta_i)$,我们很容易看到无论对手的上报 θ_{-i} 是否真实,真实

上报 θ_i 对于参与人 i 来说效用总是最大的。因此,真实上报将会是一个占优策略,执行 VCG 机制的是一个占优策略均衡。这意味着 VCG 机制是相当稳固(Robust)的,它并不像贝叶斯均衡执行的机制那样要求策略与私人信息分布必须是共同认识。那么,VCG 机制能使真实上报成为占优策略的原因何在呢?

在 VCG 机制下,每个参与人 i 通过上报来影响集体决策。所要求的支付额 $t_i(\cdot)$ 则设计为从一个不依赖于自身上报的金额 $q_i(\theta_{-i})$ 基础上,减去上报带给所有其他参与人的福利外部性,即 $\sum_{j \neq i} v_j(x^*(\theta), \theta_j)$ 部分。由于个人最终效用是在个人福利 $v_i(\cdot)$ 基础上减去支付额,于是正好又将他人福利内部化,从而使自身效用最大化与社会效用最大化一致起来。

对于我们以前介绍的一些 VCG 机制的特例,现在均可纳入到 VCG 机制的一般框架中来。比如,在例 7.2 的修路决策中:

$$x^*(\theta) = \{\theta_A + \theta_B > 100 \text{ 万元},修路; \theta_A + \theta_B \leq 100 \text{ 万元},不修\}$$

两省在修路决定下的支付额则为 $t_i(\theta) = 100 \text{ 万元} - \sum_{j \neq i} v_j(\cdot)$,其中 $v_j(\cdot) = \theta_j, i, j \in \{A, B\}$。另外,我们将 Vickrey(1961)的密封二价拍卖转化为一个机制设计框架,可以看成所有买家向中央清算机构上报私人价值 θ_i,而

$$x^*(\theta) = \{\text{分配物品给 } i, \text{如 } \theta_i = \underset{j \in \mathcal{N}}{\text{Max}}\, \theta_j; \text{不分配物品给 } i, \text{如 } \theta_i \neq \underset{j \in \mathcal{N}}{\text{Max}}\, \theta_j\}$$

其中 $\mathcal{N} = \{1, \cdots, N\}$。获得物品的买家 i 则需支付

$$t_i(\theta) = \underset{j \neq i}{\text{Max}}\, \theta_j - \sum_{j \neq i} v_j(x^*(\theta), \theta_j), \text{而} \sum_{j \neq i} v_j(x^*(\theta), \theta_j) = 0$$

总结起来,设计一个机制首先要明确资源配置目标,然后确定能实现该目标的社会选择函数,最后寻找合适的转移支付函数以保证真实地实现社会选择。下面我们给出这样一个例子。

例 7.3 不完全信息下的垄断定价。有一个垄断的卖方能以不变的边际成本 c 来提供某一产品,$c > 0$。她面对一个类型为 θ 的消费者,θ 是私人信息并服从区间 $[0, 1]$ 上的均匀分布。消费者的效用函数为 $\theta\sqrt{x} - t$,其中 x 是她的消费量,t 则是她的支付额。假设消费者若选择不购买,其效用为 0。请问垄断卖方应如何设计最优的市场供应量与总价的组合 (x^*, t^*)?

解:如果 θ 是公共信息,卖方为获取最大收入,必将设计量价组合 (x, t) 使买方效用为

0,即 $\theta\sqrt{x}-t=0$。在此约束条件之下,卖方再最大化其收入 $t-cx$。一阶条件可以得出最优要价是 $t^*=\theta^2/2c$,最优销量为 $x^*=\theta^2/4c^2$。而在本例中,消费者的类型 θ 是私人信息,社会选择函数则是从消费者的类型到量价组合的映射,即 $(x(\theta),t(\theta))$。卖方的目标就是从这些社会选择函数中找出能使其收入最大的那一个,同时设计一个机制来执行这个社会选择函数。根据显示原理,卖方只需从激励相容的直接机制中寻找。该机制表现为消费者向卖方上报自身类型,而卖方则根据消费者的上报决定其消费量与支付额。要实现该机制,就需要消费者愿意参与,同时真实上报自身类型。这样,卖方的问题就是:

$$\max_{x(\theta),t(\theta)} E[t(\theta)-c\cdot x(\theta)]$$

s.t. (i) $\theta\sqrt{x(\theta)}-t(\theta)\geq\theta\sqrt{x(\overline{\theta})}-t(\overline{\theta}),\theta,\overline{\theta}\in[0,1]$

(ii) $\theta\sqrt{x(\theta)}-t(\theta)\geq 0,\theta\in[0,1]$

以上约束条件(i)是激励相容条件,它保证每类消费者谎报类型所得的效用 $\theta\sqrt{x(\overline{\theta})}-t(\overline{\theta}),\overline{\theta}\neq\theta$,不高于其真实上报的效用。约束条件(ii)则是个人理性(Individual Rationality)条件,保证消费者都将参与卖方所设计的机制。① 定义消费者参与机制所获效用为 $u(\theta)=\theta\sqrt{x(\theta)}-t(\theta)$,那么约束条件(i)事实上等同于以下两个条件:(a) $x(\cdot)$ 非减;以及 (b) $u(\theta)=u(0)+\int_0^\theta\sqrt{x(s)}\mathrm{d}s$。② 于是,卖方问题便转化为:

$$\max_{x(\theta),t(\theta)} E[t(\theta)-c\cdot x(\theta)]$$

s.t. (a) $x(\cdot)$ 非减

(b) $u(\theta)=u(0)+\int_0^\theta\sqrt{x(s)}\mathrm{d}s$

(ii) $u(\theta)\geq 0,\theta\in[0,1]$

显然,约束条件(b)成立必然意味着(ii)成立,因此可以去掉条件(ii)。另外,从条件(b)和消费者效用函数可得 $t(\theta)=\theta\sqrt{x(\theta)}-\int_0^\theta\sqrt{x(s)}\mathrm{d}s$,将 $t(\theta)$ 代入目标函数,卖方

---

① 个人理性约束也称参与约束(Participation Constraint),它保证机制参与人参与机制的效用不低于拒绝参与所能获取的效用。

② 这一结论是 Mas-Colell et al. (1995)中定理 23.D.2 的一个特例。该定理描述了当参与人的效用函数为拟线性时,激励相容机制所具有的特性。我们这里只给出必要性证明,即当条件(i)成立时,条件(a)和(b)也同时成立。条件(i)意味着如果 $\theta>\overline{\theta}$,那么 $u(\theta)\geq\theta\sqrt{x(\overline{\theta})}-t(\overline{\theta})=u(\overline{\theta})+(\theta-\overline{\theta})\sqrt{x(\overline{\theta})}$。同样,$u(\overline{\theta})\geq\overline{\theta}\sqrt{x(\theta)}-t(\theta)=u(\theta)+(\overline{\theta}-\theta)\sqrt{x(\theta)}$。因此,$\sqrt{x(\theta)}\geq\frac{u(\theta)-u(\overline{\theta})}{\theta-\overline{\theta}}\geq\sqrt{x(\overline{\theta})}$。这意味着(a)条件成立。让 $\overline{\theta}\to\theta$,可得 $u'(\theta)=\sqrt{x(\theta)}$,所以条件(b)也成立。

问题可以简化为：

$$\max_{x(\theta)} \int_0^1 \left[\theta \sqrt{x(\theta)} - \int_0^\theta \sqrt{x(s)} \mathrm{d}s - c \cdot x(\theta) \right] \mathrm{d}\theta$$

s. t. （a） $x(\cdot)$ 非减

注意到运用交换积分次序的方法，$\int_0^1 \int_0^\theta \sqrt{x(s)} \mathrm{d}s \mathrm{d}\theta = \int_0^1 \sqrt{x(\theta)} \mathrm{d}\theta - \int_0^1 \theta \sqrt{x(\theta)} \mathrm{d}\theta$，将其代入目标函数，目标函数变为：$\max_{x(\theta)} \int_0^1 [2\theta \sqrt{x(\theta)} - \sqrt{x(\theta)} - c \cdot x(\theta)] \mathrm{d}\theta$。这意味着给定任意 $\theta \in [0,1]$，我们只需找到 x^* 来 $\max_x 2\theta \sqrt{x} - \sqrt{x} - c \cdot x$。我们先忽略约束条件（a），直接分 $\theta \in \left[0, \frac{1}{2}\right)$ 和 $\theta \in \left[\frac{1}{2}, 1\right]$ 两种情况来求解，容易得到最优销量为：

$$x^*(\theta) = \begin{cases} 0, & \text{当 } \theta \in \left[0, \frac{1}{2}\right) \\ (2\theta-1)^2/4c^2, & \text{当 } \theta \in \left[\frac{1}{2}, 1\right] \end{cases}$$

这样，最优支付总额是：

$$t^*(\theta) = \begin{cases} 0, & \text{当 } \theta \in \left[0, \frac{1}{2}\right) \\ \left(\theta^2 - \frac{1}{4}\right)/2c, & \text{当 } \theta \in \left[\frac{1}{2}, 1\right] \end{cases}$$

最后验证以上 $x^*(\theta)$ 和 $t^*(\theta)$ 是可导且非减的，因此它们是卖方问题的最优解。如果比较消费者类型 θ 为公共信息和私人信息这两种情况下的均衡销量，可以发现 $\theta^2/4c^2 \geq 0$，当 $\theta \in \left[0, \frac{1}{2}\right)$；而 $\theta^2/4c^2 \geq (2\theta-1)^2/4c^2$，当 $\theta \in \left[\frac{1}{2}, 1\right]$。可见不对称信息使得销售量下降，从而导致效率（社会总福利）的损失。而消费者因为拥有私人信息，在 $\theta \in \left(\frac{1}{2}, 1\right]$ 时，则可以获得正的消费者剩余。■

思 考 题

1. 两合伙人同时决定投资于某个项目的资金量。当合伙人 i 决定投入 x_i，而合伙人 j

决定投入 x_j 时,$i \neq j$ 且 $i,j \in \{1,2\}$,合伙人 i 的效用是:$\theta_i x_i x_j - x_i^3$。其中,θ_i 是合伙人 i 的私人信息,对方只知道 θ_i 是区间 $[0,1]$ 上服从均匀分布的随机变量。请找出一个对称的贝叶斯纳什均衡。

2. 两个风险中性的公司 1 与 2 通过二价密封拍卖的方法竞争一块油田的开采权。此油田的真实价值 V 是在区间 $[0,1]$ 上服从均匀分布的一个随机变量。当油田真实价值实现为 $V=v$ 时,两公司竞拍时都不能观察到实现值 v,但每个公司可获得部分反映油田真实价值 v 的信号 $X_i, i \in \{1,2\}$。两信号均为私人信息,它们是在 $V=v$ 条件下的相互独立随机变量,且服从区间 $[0,v]$ 上的均匀分布。

(1) 当公司 1 的信号实现为 $X_1 = x$ 时,它对油田开采权的估值是多少?假设两公司均遵循相同的投标函数 $\beta(\cdot)$ 且公司 1 赢得拍卖,它对开采权的估值又是多少?

(2) 比较(1)中两次估值的差别并说明它应如何影响投标价的选择。

(3) 找出对称的均衡投标函数。

3. A,B,C 三人通过考试竞争进入两校,每校只录一人。进入较好的学校效用为 H,进入较差的效用为 L,而没有书读的效用为 0,$H > L > 0$。每个人的成绩都是私人信息,它们是在区间 $[0,1]$ 上服从均匀分布的随机变量。三人考后正决定如何申报院校。申报方案是函数 $\beta:[0,1] \rightarrow \{好校,差校\}$,它是申请人在此不完全信息静态博弈下的一个策略。录取规则如下:①(i) 当某校有 3 个人申报时:取最高分,中等分转到另一院校,而最低分无书读。(ii) 当某校有 2 个人申报时:申请另一学校的人必然被录取,而申请该校的 2 个人中则取较高分,较低分者无书读。(iii) 某校只有 1 个人申报时:录取该人,另一学校的录取方法见(ii)。(iv) 某校无人申报时:所有人都申请另一院校,录取方法见(i)。

(1) 以上博弈中是否存在一个对称的贝叶斯纳什均衡?如存在,请找出;否则,说明不存在的原因。

(2) 将以上博弈扩展为 M 人在考试后申请 N 校,$M > N$。试分析此情景下的均衡。

4. 卖方拥有一个成本为 C 的物品,买方对此物品的主观价值为 V。V 与 C 都是私人信息,它们相互独立且服从区间 $[0,1]$ 上的均匀分布。

(1) 设计一个事后有效(Ex post Efficient)分配此物品的机制。②

(2) 证明不存在这样的激励相容事后有效机制,参与双方在观察到私人信息之后,其期望效用非负。③

---

① 两人分数相同的概率为 0,所以对此情况不予考虑。
② 一种分配方案是事后有效的,当且仅当 $C < V$ 时,交易发生。
③ Myerson-Satterthwaite 定理的一个特例。

参 考 文 献

Akerlof, G. (1970), "The Market for Lemons: Quality Uncertainty and the Market Mechanism", *Quarterly Journal of Economics* 84: 488—500.

Athey, S. (2001), "Single Crossing Properties and the Existence of Pure Strategy Equilibria in Game of Incomplete Information", *Econometrica* 69: 851—890.

Bolton, P., and M. Dewatripont (2005), *Contract Theory*, Cambridge, Mass.: The MIT Press.

Clarke, E. H. (1971), "Multipart Pricing of Public Goods", *Public Choice* 2: 19—33.

David, H., and H, Nagaraja (2003), *Order Statistics*, John Wiley & Sons.

Groves, T. (1973), "Incentives in Teams", *Econometrica* 41: 617—631.

Harsanyi, J. (1967—1968), "Games of Incomplete Information Played by 'Bayesian' Players, Parts I, II and III", *Management Science* 14: 159—182, 320—334 and 486—502.

Krishna, V. (2002), *Auction Theory*, Academic Press.

Lebrun, B. (2002), "Uniquenese of the Equilibrium in First Price Auctions", Working Paper, York University.

Mas-Colell, A., M. Whinston, and J. Green (1995), *Microeconomic Theory*, Oxford University Press.

Maskin, E., and J. Riley (2000), "Equilibrium in Sealed High Bid Auction", *Review of Economic Studies* 67: 439—454.

Maskin, E., and J. Riley (2003), "Uniqueness of Equilibrium in Sealed High Bid Auction", *Games and Economic Behavior* 45: 395—409.

Milgrom, P., and R. Weber (1982), "A Theory of Auctions and Competitive Bidding", *Econometrica* 50: 1089—1122.

Myerson, R. (2004), "Harsanyi's Games with Incomplete Information", *Management Science* 50: 1818—1824.

Myerson, R., and M. Satterthwaite (1983), "Efficient Mechanisms for Bilateral Trading", *Journal of Economic Theory* 29: 265—281.

Spence, A. M. (1973), "Job Market Signaling", *Quarterly Journal of Economics* 83: 355—377.

Stiglitz, E. J. (1977), "Monopoly, Non-Linear Pricing and Imperfect Information: The Insurance Market", *Review of Economic Studies* 44: 407—430.

Vickery, W. (1961), "Counterspeculation, Auctions and Competitive Sealed Tenders", *Journal of Finance* 16: 8—37.

第 8 章 不完全信息动态博弈

　　在上一章"不完全信息静态博弈"中,博弈者知道对手私人信息的分布,并以此为基础,选择自身的一次行动。本章则探讨博弈者拥有私人信息,同时又可以行动多次的情景,即不完全信息动态博弈。不完全信息动态博弈的核心特征是:博弈者在每次行动后都会更新对对手私人信息分布的判断,而这种更新又影响着下一步的行动选择。我们将从一个例子,Monty Hall 游戏,开始本章的讨论。[①] 通过本章的学习,读者应:

- 理解贝叶斯法则在不完全信息动态博弈下是如何更新博弈者信念的。
- 明确弱完美贝叶斯纳什均衡的两大构成部分以及它们所需满足的条件。
- 了解弱完美贝叶斯纳什均衡的局限性以及其他能对其进行精炼的均衡概念。
- 掌握求解信号传递博弈均衡的方法。

---

① Monty Hall 是 20 世纪 70 年代美国娱乐节目 *Let's Make a Deal* 栏目的主持人,该节目主要是一些竞猜兑奖游戏。1991 年,*Sunday Parade* 的专栏作家 Marilyn Vos Savant 收到一个读者的来信,信中提出一个不确定条件下的车羊选择游戏。由于此游戏的竞猜性,它遂被命名为 Monty Hall 游戏。

§8.1 Monty Hall 游戏与贝叶斯更新

Monty Hall 游戏是这样一个场景:假设你面对三扇门,其中一扇门后是一辆车,另两扇门后则各为一只羊。你不知道每扇门后是什么,但游戏主持人却知道。主持人提出一套选门的规则,而你则总想找到那扇后面藏有车的门。首先,你作出第一次对门的选择(比如门 1)。然后,在另外两扇未被你选中的门(门 2 与门 3)中,主持人打开一个后面有羊的门(比如门 2)。最后,主持人问你愿不愿意转而选择那扇既未被打开又不是你第一次选中的门(即门 3)。这个游戏严格意义上讲,是一个不完全信息动态决策问题而不是一个博弈问题。因为主持人的策略是给定的,你只需找出最优回应就行了。通过对这个游戏的分析,我们可以初步体会私人信息是如何在动态过程中得以更新的。该游戏的结论是:你应该换门。这听起来好像不太符合直觉,如果我们把 Monty Hall 游戏用一个博弈树规范地表述出来,其结论就比较清楚了。

图 8.1 是对 Monty Hall 游戏的一种表述。首先你面对三扇门但并不知晓门后的物品,主持人随机地将三种物品安放在各个门后。我们用黑圈代表车,白圈代表羊,于是门后可能的排列就有 A(车在门 3 后),B(车在门 1 后)和 C(车在门 2 后)三种情况,每种的概率都是 1/3。在没有任何其他信息的情况下,你必须作出决策。这时你选择哪扇门都是一样,在图 8.1 中,我们就以初选门 1 为例开始分析(对其他选择的分析完全一样)。接下来,主持人通过打开其他的门给你增加一些信息。如果主持人将物品安放为 A 状态,她会打开门 2;安放为状态 B,她将在门 2 与门 3 之间以等概率(1/2)随机打开一扇;如安放为 C 状态,她就打开门 3。你并不能观测到物品排列的实现类型,你只能观测主持人开门这一行动以及门后的物品。这时,你就需要通过主持人打开的门来更新你对物品安放情况的判断。从博弈树中可以看出,在第一步选择了门 1 之后,如果主持人打开门 2,那么物品安放只能是 A,B 两种可能;如果主持人打开门 3,物品安放就是 B,C 两种可能。当一个结果可能源于多个事件时,贝叶斯法则可以计算出:在此结果发生的条件下,它来自于各个源头事件的概率。运用此法则,我们就可以对物品的安放作出更精确的判断。用 $P(A|门2)$ 和 $P(B|门2)$ 分别表示在主持人打开门 2 的情况下,物品摆放为类型 A 与类型 B 的概率。用 $P(门2|A)$ 和 $P(门2|B)$ 分别代表在物品排列为 A,B 类型时,主持人打开门 2 的概率。那么,贝叶斯法则告诉我们:

$$P(A\mid 门2) = \frac{P(A)\times P(门2\mid A)}{P(门2)}$$

$$= \frac{P(A)\times P(门2\mid A)}{P(A)\times P(门2\mid A)+P(B)\times P(门2\mid B)}$$

由于 $P(A)=P(B)=1/3$，$P(门2|A)=1$，$P(门2|B)=1/2$，$P(A|门2)$ 就等于 $2/3$，而 $P(B|门2)$ 则为 $1/3$。① 因此，如果初选门1，而主持人又打开了门2，你的判断就不再是当初 A,B,C 三种情况各有 $1/3$ 可能了。你通过贝叶斯法则更新的判断是：是类型 A 的可能为 $2/3$，是类型 B 的可能为 $1/3$，是类型 C 的可能性则为 0。A 与 B 最初是等概率事件，但 A 导致门2的概率是 B 的两倍，所以当观察到门2时，来自于 A 的概率自然也是来自 B 的两倍。接下来，到底是否从门1转到门3就是一个非常简单的决策了。你知道在第一次选择门1后，选错门的可能性是 $2/3$，选对的可能性为 $1/3$，当然就应该换门了。同样道理，如果你初选门1，主持人打开了门3，你的最优决策一样也是换。根据问题结构的对称性，初选门2或门3的情况分析均相同，其结论是：当主持人打开门之后，都应该换门。所以在 Monty Hall 游戏中，第一次选门时可以随意选择，而当主持人打开门后，换门总是最优。

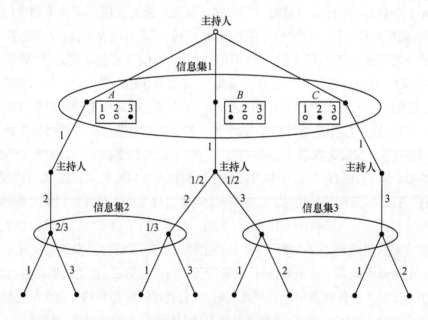

图 8.1 Monty Hall 游戏

---

① 当参与人第一次选中的门后是车时，我们假设主持人将任意打开一扇后面是羊的门，因此 $P(门2|B)=1/2$。

不完全信息动态博弈下的顺序理性要求在每一个信息集下,博弈者所选择的策略都是相互最优,这将保证博弈者在博弈进行到任何时刻都不会发生单方面偏离。而在任意信息集下的最优行动选择,又将取决于博弈者对信息集下决策点分布的**信念**(**Belief**)。我们将不完全信息动态博弈的信念体系 μ 定义为对每个信息集 H 下决策点 $x,x\in H$,概率分布的判断。在 Monty Hall 游戏中,主持人的策略是给定的。在信息集 1 中,对 3 个决策点的判断是各有 1/3 可能。每个决策点后紧跟的游戏规则相同,因此参与人随便选一扇门其效用总是一样。假设初选门 1,到达信息集 2 后,决策点判断发生改变,类型 C 完全出局,类型 A 的可能更新为 2/3,类型 B 的可能更新为 1/3。在新信念下的最优策略当然是换门。① 因此,我们下面将要提出的不完全信息动态博弈的解——**弱完美贝叶斯纳什均衡**(**Weak Perfect Bayesian Nash Equilibrium**),总是由两部分组成,一是每个信息集下对决策点分布的信念 μ,二是在每个信息集下从自身私人信息到行动选择的策略 σ。

§8.2 不完全信息动态博弈的均衡

§8.2.1 弱完美贝叶斯纳什均衡

Monty Hall 游戏是在给定一方策略时,讨论另一方的最优回应,介绍它的目的是为了阐明不完全信息的动态更新规律。现在我们开始研究一般的不完全信息动态博弈,这时各方的策略都可变。我们将第 6 章中的市场进入博弈进行扩展,并通过此例的分析来引出不完全信息动态博弈的解,即弱完美贝叶斯纳什均衡的定义。在图 8.2 的市场进入博弈中,新的厂商有两种类型,强势或弱势,分别为 3/4 与 1/4 的实现概率(自然随机选择)。每类厂商都有两个选择:进入或不进入。弱势新厂商不进入,可以去其他地方经营,效用为 1,原有的垄断厂商就保持整个市场份额,效用为 3。而强势新厂商不进入时,经营其他市场的效用则为 2,原有垄断厂商效用还是 3。当弱势新厂商选择进入后,垄断厂商可以接纳或者对抗,在对抗的情况下,弱势新厂商被轻易击败,效用为 -1,垄断厂商还是拥有整个市场,效用为 3;而在接纳的情况下,两厂商分割市场,弱势进入新厂商得

---

① 如果将原始的 Monty Hall 游戏稍作修改,主持人总是随机地打开两个未被选中的门中任意一个,当发现门后是羊时,参与人是否应换门呢?假设初选门 1,若主持人打开门 2(或门 3)后面是羊,则只可能是类型 A 与 B(或类型 B 与 C)。同样应用贝叶斯法则,参与人判断两种类型出现的概率相等,因而不用换门。

1,垄断厂商得2。在强势新厂商选择进入时,垄断厂商执行对抗就会两败俱伤,效用各为 −2;接纳则会使进入新厂商占得更多市场,效用为2,原有厂商只有1。整个博弈中,只有垄断厂商在新厂商选择进入之后,需对自身信念进行更新。

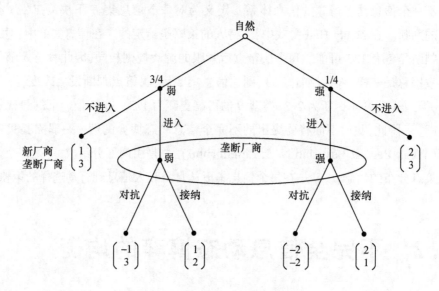

图 8.2　不完全信息市场进入博弈

容易看到,两类新厂商都选择不进入是一个占优策略。新厂商执行这个占优策略将构成一类均衡。那么此博弈是否还存在着其他贝叶斯均衡呢?我们先来看一组策略 σ':

$$\sigma' = \begin{cases} 自然:3/4\ 概率选择弱势新厂商,1/4\ 概率选择强势新厂商 \\ 新厂商:弱势类\ 2/3\ 概率不进入,1/3\ 概率进入 \\ 强势类\ 1/2\ 概率不进入,1/2\ 概率进入 \\ 垄断厂商:观察到进入行为时,执行接纳 \end{cases}$$

很难评估这组策略是否为相互最优,因为垄断厂商对新厂商类型的判断并没有确定,我们还缺乏信念组合 μ'。均衡下的信念 μ' 不仅能支持策略组合 σ' 为相互最优,而且还得与 σ' 在各信息集下导致的贝叶斯更新一致,因此 μ' 并不能随意给出,我们来看以下信念:

$$\mu' = \begin{pmatrix} 垄断厂商:博弈开始,弱势新厂商概率为\ 3/4,强势新厂商概率为\ 1/4 \\ 观察到进入,弱势新厂商概率为\ 2/3,强势新厂商概率为\ 1/3 \end{pmatrix}$$

事实上，以上给出的策略组合 σ' 与信念组合 μ' 正好是相互支持的。第一，给定信念组合 μ'，策略组合 σ' 是相互最优。观测到进入行为时，强势进入者概率为 1/3，选择接纳对于垄断厂商来说期望效用更大。知道垄断厂商会接纳进入者，新厂商的两种类型便会比较不进入与进入后的效用，发现都相等，因此混合策略是最优的。注意，这里混合的概率并非随意，它们需与信念 μ' 一致，这就是下面的第二点。第二，给定策略组合 σ'，信念组合 μ' 也是合理的，即符合贝叶斯法则对信念更新的要求。原始先验分布（弱 3/4，强 1/4）由假设决定，后验分布（弱 2/3，强 1/3）则可以通过贝叶斯公式得到，即：

$$P(弱 \mid 进入) = \frac{P(弱) \times P(进入 \mid 弱)}{P(弱) \times P(进入 \mid 弱) + P(强) \times P(进入 \mid 强)}$$

$$= \frac{3/4 \times 1/3}{3/4 \times 1/3 + 1/4 \times 1/2} = 2/3$$

可见，不完全信息动态博弈下的均衡是由策略组合与信念组合两部分构成的。在均衡之下，给定信念时，策略需是相互最优，这称为**顺序理性**；而给定策略时，信念要满足贝叶斯更新，这叫**弱一致**（Weak Consistent）。下面分别给出它们的严格定义。

定义 8.2.1 在 N 人不完全信息动态博弈下，用 $E[u_i(\sigma_i, \sigma_{-i}) \mid H, \mu]$ 表示在信念体系 μ 下，策略组合 $\sigma = (\sigma_i, \sigma_{-i})$ 带给博弈者 i 自信息集 H 开始到整个博弈结束时的总期望效用，如果 $E[u_i(\sigma_i, \sigma_{-i}) \mid H, \mu] \geqslant E[u_i(\hat{\sigma}_i, \sigma_{-i}) \mid H, \mu]$ 对所有的 $i, H, \hat{\sigma}_i$ 都成立，$i = 1, 2, \cdots, N$，那么策略组合 σ 在信念体系 μ 下就是顺序理性的。

显然，顺序理性的思想在不完全信息与完全信息动态博弈之下体现的方式都是相同的，即在博弈进程的任何时点，都要保证没有一方会单方面偏离。另外，给定策略组合 σ 时，信念体系 μ 中所有正概率信息集下的分布判断都要符合贝叶斯更新，这称为信念 μ 与策略 σ 弱一致，其定义如下：

定义 8.2.2 在 N 人不完全信息动态博弈的信念体系 μ 下，对于策略组合 σ 能以正概率 $\Pr(H \mid \sigma) > 0$ 到达的信息集 H 处，如果对其中任意决策点 x 概率的判断符合贝叶斯法则，即 $\Pr(x \mid H, \sigma) = \dfrac{\Pr(x \mid \sigma)}{\sum\limits_{x' \in H} \Pr(x' \mid \sigma)}$，信念体系 μ 就与策略组合 σ 弱一致。

对于一个策略-信念组合，如果定义 8.2.1 中的条件不满足，就会有博弈者偏离原策略；如果定义 8.2.2 中的条件不满足，博弈者原有的信念体系就是不合理的。因此，两定

义描述了不完全信息动态博弈中一个均衡的两个方面。注意,在定义 8.2.2 中,我们只对正概率信息集下的信念有所要求,因为只有在 $\Pr(H|\sigma) > 0$ 的信息集 H 下贝叶斯法则才能应用。对于 $\Pr(H|\sigma) = 0$ 信息集 H 下决策点的分布判断,定义 8.2.2 并未涉及,因此它所定义的信念与策略的一致性是弱一致。对弱一致的加强将会带来更为精细的均衡概念,比如顺序均衡等,我们将在下一小节进行介绍。

这里,顺序理性与弱一致共同定义了不完全信息动态博弈下的弱完美贝叶斯纳什均衡。

定义 8.2.3 N 人不完全信息动态博弈的一个策略组合与信念体系 (σ, μ) 构成弱完美贝叶斯纳什均衡,当且仅当:
(1) 策略组合 σ 在信念体系 μ 下是顺序理性的。
(2) 信念体系 μ 与策略组合 σ 是弱一致的。

容易验证,上文市场进入博弈中的策略组合 σ' 与信念体系 μ' 就是一个弱完美贝叶斯纳什均衡。在动态博弈中寻找这类均衡并没有一般的方法,我们只能综合运用以前所述的各种均衡求解办法来进行尝试。事实上,市场进入博弈中的弱完美贝叶斯纳什均衡还有很多,我们再看另外一组 $(\hat{\sigma}, \hat{\mu})$,其中 $\hat{\sigma}$ 为:

$$\hat{\sigma} = \begin{pmatrix} 自然:3/4 概率选择弱势新厂商,1/4 概率选择强势新厂商 \\ 新厂商:弱势类不进入;强势类不进入 \\ 垄断厂商:观察到进入行为时,执行接纳 \end{pmatrix}$$

信念 $\hat{\mu}$ 为:

$$\hat{\mu} = \begin{pmatrix} 垄断厂商:博弈开始,弱势新厂商概率为 3/4,强势新厂商概率为 1/4 \\ 观察到进入,弱势新厂商概率为 0,强势新厂商概率为 1 \end{pmatrix}$$

这组 $(\hat{\sigma}, \hat{\mu})$ 满足顺序理性与弱一致性两个要求,所以也是弱完美贝叶斯纳什均衡。但此均衡存在一个潜在问题,即垄断厂商的信息集并不在均衡路径之上(到达其信息集的概率为零)。这使得贝叶斯法则无法应用,因此我们可以任意给出垄断厂商对决策点分布的判断。在组合 $(\hat{\sigma}, \hat{\mu})$ 中,垄断厂商认为进入行为一旦发生,就百分之百来自于强势新厂商。这一信念虽然符合弱一致性,但却显得不合理。进入行为的发生只能在新厂商执行给定策略犯错误时才会出现,在模型没有提供其他信息的情况下,弱势与强势新厂商犯错的可能性相等是合理判断。这样,一旦进入行为被垄断厂商观测到时,来自两类厂商的概率还应保持先验分布(3/4,1/4),而不是(0,1)。弱完美贝叶斯纳什均衡并不规定均衡路径之外的信念更新条件,这是该种均衡有时不尽合理的重要原因。所以,我们如果要对弱完美贝叶斯均衡作进一步的精炼,其核心就在零概率信息集下的信念处理上。下面的例子给出了弱完美贝叶斯均衡的又一种不合理情况。

例 8.1 不合理弱完美贝叶斯纳什均衡。现在将上文图 8.2 中的市场进入博弈结构作一变化,如图 8.3 所示,最终效用都不变,只是新厂商将首先选择进入还是不进入,而后自然再对进入了的新厂商选择强弱类,且选择强势类的概率为100%。请找出一个不合理弱完美贝叶斯纳什均衡。

解:在图 8.3 中,$(\tilde{\sigma}, \tilde{\mu})$ 构成一个弱完美贝叶斯纳什均衡,其中 $\tilde{\sigma}$ 与 $\tilde{\mu}$ 分别为:

$$\tilde{\sigma} = \begin{pmatrix} 自然:以100\%概率选择强势新厂商 \\ 新厂商:选择不进入 \\ 垄断厂商:观察到新厂商进入时,选择对抗 \end{pmatrix}$$

$\tilde{\mu} = ($垄断厂商:观察到新厂商进入时,强势类概率为 0,弱势类概率为 100%$)$

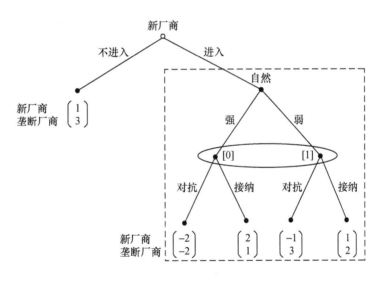

图 8.3 不合理弱完美贝叶斯纳什均衡

$(\tilde{\sigma}, \tilde{\mu})$ 符合定义 8.2.3,所以是一个弱完美贝叶斯均衡。但我们发现在图 8.3 中用虚线圈起的子博弈策略并不是子博弈完美的,即当新厂商进入后被自然选择为强势类时,垄断厂商的最优回应是接纳而不是对抗。这意味着一个弱完美贝叶斯均衡可以不是一个子博弈完美均衡。那么问题出在哪呢?症结仍在弱完美贝叶斯均衡对零概率信息集下的决策点分布未作规定上。在图 8.3 的博弈中,垄断厂商对新厂商进入后的类型认定为弱势类,因此选择对抗确为最优。然而这种判断明显与自然的策略相违背,因此是不合理的。由于圈起的子博弈在均衡路径之外,即其中的信息集到达的概率为 0,贝叶斯法则无法应用,因此任何分布判断均为弱完美贝叶斯均衡所允许。事实上,本例中的子博弈完美均衡对博弈者行为的预测将与 $(\tilde{\sigma},\tilde{\mu})$ 完全不同,即新厂商首先就应该选择进入。■

§8.2.2 顺序均衡

通过对以上两个不合理的弱完美贝叶斯纳什均衡的分析,我们知道这类均衡不尽合理的根源,在于零概率信息集下的信念更新不能应用贝叶斯法则。对此问题的处理,我们主要有两种基本方法:一种是 Fudenberg 和 Tirole(1991)通过给任意两个类型(包括零概率类型)指定相对概率的方法来解决;另一种是 Kreps 和 Wilson(1982)用正概率策略收敛的方法来解决。

Fudenberg 和 Tirole(1991)将定义 8.2.3 中的弱一致性条件扩展为合理性(Reasonable)条件,从而将弱完美贝叶斯纳什均衡转化为完美贝叶斯纳什均衡。他们对合理性条件进行定义的基本思想是:博弈者根据对手任意两个类型(包括零概率类型)的相对概率,形成一个条件概率体系,然后再将贝叶斯法则应用于此体系。这一思想贯彻到不同类型的不完全信息动态博弈,表现为不同版本的完美贝叶斯纳什均衡的概念。而对于一个一般的不完全信息动态博弈,Fudenberg 和 Tirole(1991)证明,当博弈者对所有最终决策点的分布判断符合某种条件概率体系时,弱完美贝叶斯均衡将与 Kreps 和 Wilson(1982)提出的**顺序均衡**(**Sequential Equilibrium**)等同。因此,本节并不详细介绍 Fudenberg 和 Tirole(1991)的方法,而是重点关注 Kreps 和 Wilson(1982)的处理方式。他们让一个完全混合的策略序列与一个信念序列相对应,其中每个策略与其对应的信念总是保持弱一致。① 当完全混合策略序列收敛到均衡策略,而信念序列又收敛到均衡信念时,在极限中,均衡策略与均衡信念就是一致(Consistent)的。这里弱一致性扩展到一致性,是因为贝叶斯法则不用直接应用到均衡策略中,而只需应用到完全混合的策略(所有纯策

---

① 完全混合策略是一种所有纯策略均被赋予一个正概率的混合策略。

略都被赋予正概率)序列即可。在不完全信息动态博弈中,满足一致性条件的均衡被定义为顺序均衡。顺序均衡都是弱完美贝叶斯纳什均衡,反之则不然。

定义 8.2.4 N 人不完全信息动态博弈的一个信念体系与策略组合 (σ,μ) 构成顺序均衡,当且仅当:

(1) 策略组合 σ 在信念体系 μ 下是顺序理性的。

(2) 存在一个完全混合的策略序列 $\{\sigma^t\}_{t=1}^{\infty}$ 与信念序列 $\{\mu^t\}_{t=1}^{\infty}$,其中 μ^t 对应着策略 σ^t 下符合贝叶斯法则的信念,且当 $\lim\limits_{t \to \infty}\sigma^t = \sigma$ 时,$\lim\limits_{t \to \infty}\mu^t = \mu$。

例 8.2 顺序均衡对弱完美贝叶斯均衡的精炼。请分析图 8.3 中的弱完美贝叶斯均衡 $(\tilde{\sigma},\tilde{\mu})$ 是否为顺序均衡。

解:对于图 8.3 中的均衡 $(\tilde{\sigma},\tilde{\mu})$,我们首先假设它是顺序均衡。那么必然存在一个完全混合的策略序列 $\{\sigma^t\}_{t=1}^{\infty}$ 与信念序列 $\{\mu^t\}_{t=1}^{\infty}$,满足定义 8.2.4 中的条件(2)。在策略序列中的一个策略 σ^t 下,自然选择强势和弱势新厂商的概率分别是 α^t 与 $1-\alpha^t$,而新厂商选择不进入与进入的概率则分别为 β^t 与 $1-\beta^t$,$\alpha^t, \beta^t \in (0,1)$。$\mu^t$ 是策略 σ^t 下符合贝叶斯法则的信念,若用 x 代表垄断厂商信息集 H 中对应着强势新厂商的那个决策点,那么:

$$\mu^t(x) = \frac{\Pr(x \mid \sigma^t)}{\Pr(H \mid \sigma^t)} = \frac{(1-\beta^t)\alpha^t}{1-\beta^t}$$

当 $\lim\limits_{t \to \infty}\sigma^t = \tilde{\sigma}$,即 $\lim\limits_{t \to \infty}\alpha^t = 1$ 和 $\lim\limits_{t \to \infty}\beta^t = 1$ 时,顺序均衡要求 $\lim\limits_{t \to \infty}\mu^t = \tilde{\mu}$。于是 $\tilde{\mu}(x) = 1$,而这与原均衡信念 $\tilde{\mu}(x) = 0$ 矛盾,因此弱完美贝叶斯均衡 $(\tilde{\sigma},\tilde{\mu})$ 并不是顺序均衡。∎

§8.3 劳动力市场信号传递

不完全信息动态博弈为分析复杂问题提供了一个较为全面的框架,在本节中,我们将讨论它的一个经典应用,即劳动力市场上的信号传递(Signaling)。此问题源于劳动力市场上信息的不对称:雇主并不完全知道工人的生产率,但却需要提供雇佣合同,如何才能使其支付的工资与工人的实际生产率相一致呢?方法之一是不同生产率的工人向雇主传递不同的信号,雇主通过观测的不同信号将不同生产率的工人区分开来,分别给出相应工资。问题是工人有动力去传递信号吗?他们传递的信号能够达到体现各自生产率的目的吗？Spence(1973)最先对此问题进行了研究,他提出了分析劳动力市场上信号传递问题的理论框架,基本结论是:高生产率的工人有动力而且能够去传递信号使自身区别于低生产率工人。下面给出详细的博弈模型,并解释寻找均衡的过程。

§8.3.1 模型

博弈模型的描述如下:假设竞争的劳动力市场上只有两类工人,具有高生率 θ_H 的工人和低生产率 θ_L 的工人,$\theta_H > \theta_L > 0$,且高生产率工人占劳动力市场上的比重是 λ,低生产率工人的比重是 $1-\lambda$,$\lambda \in (0,1)$。工人的生产率在签用工合同之前是私人信息,雇主无法观察,只知道两类工人的概率分布。工人们用来传递信号的工具是教育量 $e, e \geq 0$。在简化模型中,我们假设教育本身并不提高工人生产率 θ,只对工人产生教育成本 $c(e,\theta)$。教育成本函数设定为二次连续可导,同时我们进一步假设:(i) $c(0,\theta)=0$;(ii) $c_e(e,\theta)>0$;(iii) $c_{e\theta}(e,\theta)<0$。[①] 假设(i)表明如果不接受任何教育,两类工人的起始成本都是零;(ii)则假设教育成本随所受教育量的增加而递增;假设(iii)十分核心,它让生产率越高的工人边际教育成本越小,即更容易增加教育量。对教育成本函数的三个假设符合实际,同时又能够保证在均衡中,不同生产率的工人能被分辨出来。我们将在下文中结合图 8.5 来具体解释其作用。最后,我们用 $u(e,w,\theta)$ 来表示生产率为 θ 的工人在接受教育量 e 又获取工资 w 时的效用,假设其为拟线性,$u(e,w,\theta)=w-c(e,\theta)$。同质的厂商相互竞争对工人提供工资合同,而工人则在接受与拒绝合同之间进行选择,接受则获得工资,拒绝则无收入。

以上描述给出了一个不完全信息动态博弈的所有要素。图 8.4 是该博弈的扩展式,其中自然首先根据概率分布 $(\lambda, 1-\lambda)$ 随机选择工人,然后工人依据自身类型选择一定的教育量作为传递自己生产率的信号,厂商观察到工人的教育量后,提出相应的工资合同,最后工人决定拒绝还是接受合同。

§8.3.2 均衡

现在来解这个博弈中(纯策略)弱完美贝叶斯均衡,它由策略组合与信念体系 (σ,μ)

[①] $c_e(e,\theta) = \frac{\partial c(e,\theta)}{\partial e}, c_{e\theta}(e,\theta) = \frac{\partial c^2(e,\theta)}{\partial e \partial \theta}$。

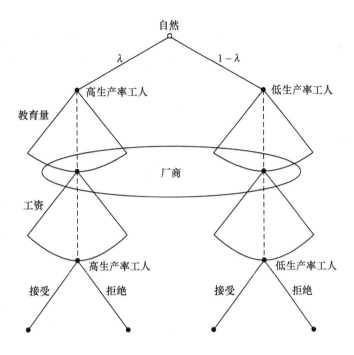

图8.4 劳动力市场信号传递博弈

构成。本章中,我们暂不对劳动力市场信号传递博弈的弱完美贝叶斯均衡进行精炼,其均衡的精炼将在下章中介绍。在此博弈里,厂商的策略是开出工资 w;工人的策略首先是选择教育量 e,然后决定是否接受厂商的工资合同 w。厂商的信念则是根据观察到的工人教育量形成对工人生产率的判断,这里我们用 $\mu(e)$ 来表示厂商看到教育量 e 时,认为工人是高生产率 θ_H 的概率,$\mu(e) \in [0,1]$。

厂商的考虑是如何根据对工人生产率的判断来提供合理的工资。高生产率工人则希望能以不同的教育量区别于低生产率工人以获得更高的工资,而低生产率工人却想被误认为高生产率工人以得到高于自身生产率的工资。如此博弈形成的均衡将有两种,一是分离均衡(Separating Equilibrium),二是混同均衡(Pooling Equilibrium)。前者是两类工人选择不同教育量,厂商据此将他们完全区分;后者则是两类工人接受相同的教育量,厂商不能区分,只能支付同样工资。

§8.3.2.1 分离均衡

我们现在开始寻找分离均衡。一个切入点是先看在均衡路径之上(即一个均衡策略与信念的组合最终实现的行动结果),博弈各方的行动选择是什么。然后考虑怎样的策略与信念组合能够支持均衡路径上的行动。

在博弈最后一轮,工人总会接受任何非零工资。由于两类工人能被区分,他们将得到与自身生产率相等的工资。没有厂商会付得更高,那样它的利润将是负数;如有厂商想付更低,同质厂商间的竞争又将使它雇不到工人。现在的关键问题是:两类工人选择怎样的教育量才能为厂商所区分呢?在进入具体分析之前,我们需要介绍一下工人效用应具有的一个重要性质,即一次相交(Single Crossing),该性质在许多不完全信息博弈中(如拍卖)都有不同形式的应用,作用是保证纯策略分离均衡的存在。① 下面以图 8.5 中两类工人的无差异曲线为例,说明一次相交性质的特点。

图 8.5 中的横轴代表教育量,纵轴代表工资,任何一个教育量-工资组合 (e,w) 称做一个合同。曲线 a,b 分别是低生产率工人和高生产率工人的一条无差异曲线。所有在曲线 $a(b)$ 上的合同给低(高)生产率工人带来的效用都是一样的。由于 $u(e,w,\theta)=w-c(e,\theta)$,上文中的假设(ii) $c_e(e,\theta)>0$ 保证曲线均单调向上倾斜。而假设(iii) $c_{e\theta}(e,\theta)<0$ 则表示增加同样的教育量,高生产率工人与低生产率工人相比,增加的成本更低,在保持效用不变的无差异曲线上需要追加的工资也更少,所以曲线较平坦,而低生产率工人的无差异曲线则较陡峭。这一特征使得两类工人总有能够相交的无差异曲线,且相交时仅有一个交点,这就是一次相交的性质。那么这个性质是如何导致分离均衡的实现呢?

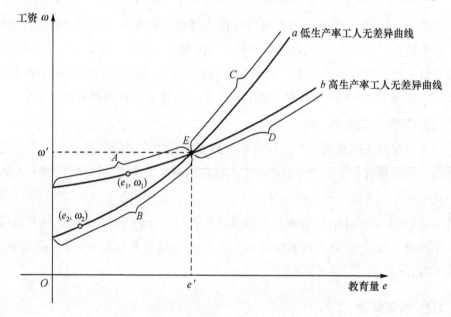

图 8.5 高生产率工人与低生产率工人的无差异曲线

---

① 对一次相交性质的深入讨论可见 Athey(2001)。

要实现两类工人任意无差异曲线 a,b 所对应的效用水平,同时又让他们自发区分,厂商提供的工资合同需位于特定的区域。注意到 E 点将两条曲线 a,b 分割为 A、B、C、D 四段,那么提供给高生产率工人的合同就只能在 D 段,提供给低生产率工人的合同只能在 B 段。假设不是这样,如图 8.5 中,给高生产率工人与低生产率工人的合同 (e_1,w_1) 与 (e_2,w_2) 分别处于 A 段与 B 段上。这时,两类工人自发选择的结果是她们将选择相同的合同 (e_1,w_1)。因为无差异曲线越向左移动,效用越高,低生产率工人将选择与高生产率工人一样的教育量 e_1 以获得工资 w_1,这比合同 (e_2,w_2) 带来的效用更高。同样分析其他情况可知,均衡合同只能分处 B、D 两段,因为 $B(D)$ 段在无差异曲线 $b(a)$ 的下方。

明确了一次相交性质对均衡合同提供区域的影响,我们接着分析在均衡下,两类工人最终会选择怎样的合同。由于两类工人可以完全区分,低生产率工人将得到工资 $w(e_L^*)=\theta_L$,高生产率工人的工资则是 $w(e_H^*)=\theta_H$,其中 e_L^* 和 e_H^* 分别是两类工人的均衡教育量。那么这两个教育量应是多大呢?低生产率工人这样考虑:既然我总能被分辨出来并被支付 θ_L,我提高教育量也不会改变工资,反而徒增教育成本,所以没必要去接受任何教育(假设教育不增加生产率),即 $e_L^*=0$。这样,在均衡路径上提供给低生产率工人的合同只能是 $(0,\theta_L)$,低生产率工人的均衡效用对应的无差异曲线就可以确定下来,如图 8.6 所示,穿过点 F。① 另外,高生产率工人的均衡合同应在直线 $w(e_H^*)=\theta_H$ 上,此线与低生产率工人的均衡无差异曲线交点是 E,与穿过点 F 的高生产率工人无差异曲线 Ⅲ 交点为 H。事实上,所有在点 E 与点 H 之间的合同,比如点 G,都各自对应着一个分离均衡。为什么这么说呢?对于提供在 E 点左侧的高生产率工人合同,它们对低生率工人的吸引力要超过其均衡合同 $(0,\theta_L)$,因此会使低生产率工人增加教育量,转而模仿高生产率工人。而 H 点右侧的合同要求高生率工人的信号成本又太高,以至于他们不接受任何教育只拿低生产率工人的工资会更好。所以,能区分两类工人的合同只能位于 E 和 H 点之间。至此,我们得出了厂商与两类工人在均衡路径之上的所有行为选择。为了支持这些行为,还需要对整个策略与信念(包括均衡路径之外的)体系进行适当的设定。

厂商完整的策略是对所有的教育量都给出一个工资水平,即工资线 $w(e)$,而这条工资线又需与信念 $\mu(e)$ 一致。分离均衡下,厂商看到 $e=0$ 就会确认工人为低生产率工人,看到 $e=e_H^*,e_H^*\in[e_{H1}^*,e_{H3}^*]$,则确认工人为高生产率工人,$e_{H1}^*,e_{H3}^*$ 分别由对应于 E 点和 H 点的合同决定。② 当厂商看到其他均衡路径之外的教育量 $e'\notin\{0,e_H^*\}$ 时,厂商的信念是:工人为高生产率的概率为 $\mu(e')$,为低生产率的概率为 $1-\mu(e')$,$\mu(e')\in(0,1)$。在此

---

① 如果有厂商试图增加低生率工人的信号成本(教育量),同时又只给她 θ_L,这将给与之竞争的厂商一个抢走工人的机会,即在提供 θ_L 的情况下,降低对工人教育量的要求。

② e_{H1}^* 和 e_{H3}^* 分别为方程 $\theta_L-c(0,\theta_L)=\theta_H-c(e_{H1}^*,\theta_L)$ 与 $\theta_L-c(0,\theta_H)=\theta_H-c(e_{H3}^*,\theta_H)$ 的解。

情况下,厂商间的竞争将使厂商开出的工资正好等于期望生产率,即 $w(e') = \mu(e')\theta_H + (1-\mu(e'))\theta_L$。因为 $\mu(e')$ 是均衡路径之外的信念,所以可以任意给定,但需满足一个条件,即由 $\mu(e')$ 决定的工资线 $w(e')$ 必须在两类工人均衡的无差异曲线之下,只有这样才能保证均衡之外的合同不被选取。比如图 8.6 中给出了一条穿过 F 与 E 点的工资线,它在低生产率工人的无差异曲线和高生产率工人的无差异曲线 I 之下,这条工资线将支持均衡合同为 F 与 E 点的分离均衡。

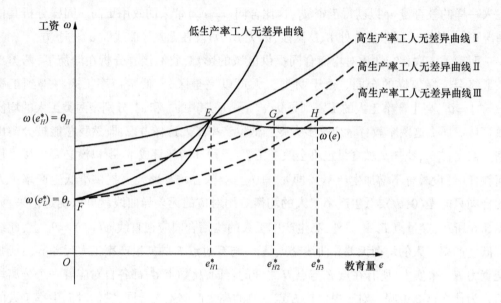

图 8.6 分离均衡

综合以上分析,我们得出分离均衡下的策略组合是:①

$$\left\{\begin{array}{l} \text{厂商}:\text{看到教育量}\,e,\text{给出工资}\,w(e) = \mu(e)\theta_H + (1-\mu(e))\theta_L, \mu(e) \in [0,1] \\ \qquad w(e) - c(e,\theta_L) \leq \theta_L - c(0,\theta_L); w(e) - c(e,\theta_H) \leq \theta_H - c(e_H^*,\theta_H) \\ \text{低生产率工人}:\text{不接受教育},\text{接受厂商给出的任意非负工资} \\ \text{高生产率工人}:\text{获取教育量}\,e_H^*, e_H^* \in [e_{H1}^*, e_{H3}^*],\text{接受厂商的任意非负工资} \end{array}\right\}$$

信念组合是:

---

① 策略组合中对工资线 $w(e)$ 的限制将保证工资线在两类工人均衡无差异曲线之下。

$$\begin{pmatrix} \text{厂商:观察到 } e=0, \mu(e)=0; \text{观察到 } e=e_H^*, \mu(e)=1 \\ \text{观察到 } e=e', e' \notin \{0, e_H^*\}, \mu(e) \in (0,1) \end{pmatrix}$$

在此例中,分离均衡无穷多。虽然低生产率工人的均衡合同总是$(0, \theta_L)$,高生产率工人可能的均衡合同却有无穷多个。

§8.3.2.2 混同均衡

除了以上分离均衡之外,还存在另一类混同均衡。在这种均衡下,两类工人选择相同的教育量$e_H^* = e_L^* = e^*$,厂商无法区分他们。那么厂商如何形成对工人类型的判断呢?在均衡路径上的信念$\mu(e^*)$将来自原始分布,即$\mu(e^*) = \lambda$,因为并没有新的信息能更新对工人类型分布的判断。在均衡路径外的信念$\mu(e')$则可任意给出,即$\mu(e') \in [0,1]$,$e' \neq e^*$。厂商由于竞争只能提供一个使自身持平的期望工资$w(e) = \mu(e)\theta_H + (1-\mu(e))\theta_L$,$w(e)$决定了厂商的工资线(包括均衡路径上与路径之外的工资)。而均衡下的合同,则如图8.7中所示,只能位于直线$w(e^*) = E(\theta) = \lambda\theta_H + (1-\lambda)\theta_L$上。下面我们来看两类工人最终将会选择怎样的均衡教育量e^*。

对于低生产率工人来说,她可能得到的最低效用来自:什么也不做(0教育量),同时被支付真实生产率工资θ_L。这一效用水平由图8.7中穿过点$(0, \theta_L)$的低生产率工人无差异曲线表示。均衡下,低生产率工人的效用必须不小于上述最低效用,才能得以支持。这意味着均衡合同只能在点x与点y之间。① 比如,为支持y点混同均衡,工资线$w(e)$需满足:$w(\bar{e}^*) = E(\theta)$;同时$w(e)$处于低生产率工人无差异曲线以及高生产率工人无差异曲线Ⅱ之下。

将混同均衡总结起来,其策略组合是:

$$\begin{pmatrix} \text{厂商:看到教育量 } e, \text{给出工资 } w(e) = \mu(e)\theta_H + (1-\mu(e))\theta_L, \mu(e) \in [0,1]; \\ w(e) - c(e, \theta_L) \leq w(e^*) - c(e^*, \theta_L); w(e) - c(e, \theta_H) \leq w(e^*) - c(e^*, \theta_H) \\ \text{高和低生产率工人:获取教育量 } e^*, e^* \in [0, \bar{e}^*], \text{接受厂商的任意非负工资} \end{pmatrix}$$

信念组合是:

(厂商:观察到$e = e^*, \mu(e) = \lambda$;观察到$e = e', e' \neq e^*, \mu(e) \in [0,1]$)

---

① y点均衡所对应的教育量$\bar{e}^*$是方程$\theta_L - c(0, \theta_L) = E(\theta) - c(\bar{e}^*, \theta_L)$的解。

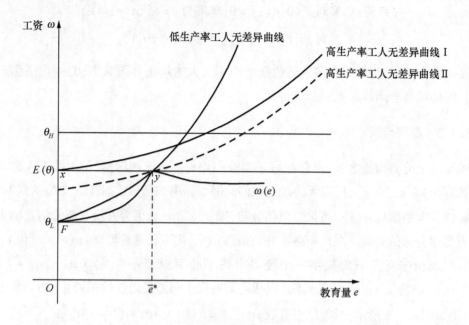

图 8.7 混同均衡

以上我们分别推导出劳动力市场信号传递博弈的分离均衡与混同均衡。读者可通过代入具体效用函数的方式,如 $c(e,\theta)=e\sqrt{\theta},\theta_H=4,\theta_L=1$,来进一步熟悉解均衡的方法并讨论不同均衡的福利效应,我们这里不再详述。以上模型存在的一个问题是其多均衡现象,它使我们很难对该博弈作出唯一的预测。在下一章均衡的选择与精炼中,我们将看到劳动力市场信号传递博弈会被精炼至唯一一个均衡,即图 8.6 中对应着教育量 e_H^* 的分离均衡。

不完全信息动态博弈还有很多其他的经典应用,比如可将以上劳动力市场一例中工人主动进行信号传递的方式转变为厂商主动使用一些方法来筛选(Screening)工人的方式,Rothschild 和 Stiglitz(1976)最早在保险市场上研究了此类问题。另外,Crawford 和 Sobel(1982)中的空谈(Cheap Talk)博弈,则探讨了不同偏好的个体(比如老板与专家)之间信息是如何通过无成本信号进行传递的。其基本结论是:只要信号传递者与接受者在效用偏好上存在差异,信号传递总会导致信息损失,偏好差异的程度越大,则信息的损失量也越大。一些文献也研究了减少信息损失的方法,比如双向交流、咨询多人以及授权等。

思 考 题

1. 考虑一个博士申请博弈。某校的经济学博士录取委员会相信,80% 的申请人并不热爱经济学,只有 20% 的申请人是真正热爱经济学的。自然首先依以上概率选择申请人的类型,然后申请人决定是否申请博士项目。如果申请人决定放弃,那么她本人及录取委员会的效用均为0。若申请人提交了申请,录取委员会就需决定是否录取她。如果录取委员会拒绝其申请,申请人的效用为-1,委员会的效用为0。当录取委员会接受该申请人时:一个热爱经济学的申请人会获得效用20,并带给录取委员会同样20的效用;而一个不热爱经济学的申请人只得到效用-10,录取委员会也只有效用-10。

(1) 画出以上博士申请博弈的扩展式。

(2) 分别找出一个分离均衡与混同均衡。

2. 图8.8是《三国演义》中空城计的一种建模方式。自然依概率x选择汉军城池为有兵,依概率$1-x$选择城中无兵,$x \in (0,1)$。然后,诸葛亮考虑是开门还是关门,而司马懿则根据城门的开启情况来决定是进兵还是退兵。当城中有兵时,司马懿进兵必败;当城中无兵时,司马懿进兵则必胜。

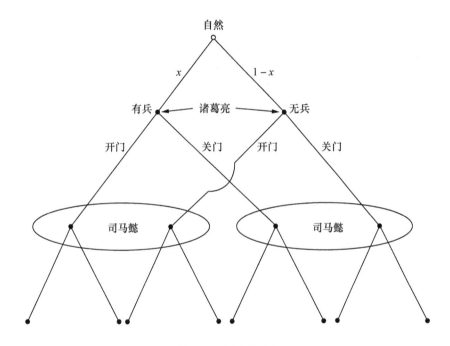

图8.8 空城计博弈

(1) 请根据以上描述,写出你认为合理的效用值。

(2) 根据所赋的效用值,找出所有的弱完美贝叶斯纳什均衡。

3. 考虑以下空谈博弈。决策者需要选择y来使其效用$-(y-\theta)^2$最大化,但她并不知道随机变量θ的真实值,只知它服从$[0,1]$区间上的均匀分布。于是,决策者请教专家,因为专家知道θ的真实值。专家会向决策者传递无成本的信号,而决策者将根据专家的信号来作出自己的选择。问题是专家的效用函数$-(y-(\theta+b))^2$与决策者并不一致,其中b反映的是双方偏好的差异程度,$b \geq 0$。

(1) 讨论此博弈有哪几类弱完美贝叶斯纳什均衡。

(2) 分析不同均衡下,信息在传递过程中的损失情况。

4. 卖方每天用密封一价拍卖的方式向A、B两人出售同样的鲜花,鲜花只能储存一天。两买主对鲜花的私人主观价值相互独立,且都服从区间$[0,1]$上的均匀分布。两人的私人主观价值只在第一天实现,而后每一天均保持不变。每天拍卖后,卖方只宣布谁赢得鲜花,不公布其他信息。

(1) 当此拍卖只进行两天时,请找出弱完美贝叶斯纳什均衡。

(2) 当此拍卖进行N天,在$N \to \infty$时的均衡性质是什么?

(3) 考虑私人主观价值每天都实现一次的情况,其均衡与(1)和(2)中的均衡有什么不同?

参考文献

Athey, S. (2001), "Single Crossing Properties and the Existence of Pure Strategy Equilibria in Games of Incomplete Information", *Econometrica* 69: 861—890.

Crawford V. P., and J. Sobel (1982), "Strategic Information Transmission", *Econometrica* 50 (6): 1431—1451.

Fudenberg, D., and J. Tirole (1991), "Perfect Bayesian Equilibrium and Sequential Equilibrium", *Journal of Economic Theory* 53: 236—260.

Kreps, D. M., and R. Wilson (1982), "Sequential Equilibrium", *Econometrica* 50: 863—894.

Krishna, V., and J. Morgan (2004), "The Art of Conversation: Eliciting Information from Experts through Multi-stage Communication", *Journal of Economic Theory* 117: 147—179.

Mas-Colell, A., M. Whinston, and J. Green (1995), *Microeconomic Theory*, Oxford University Press.

Rothschild, M., and J. E. Stiglitz (1976), "Equilibrium in Competitive Insurance Markets: An Essay in the Economics of Imperfect Information", *Quarterly Journal of Economics* 80: 629—649.

Spence, A. M. (1973), "Job Market Signaling", *Quarterly Journal of Economics* 87: 355—374.

第 9 章　均衡的精炼与选择

在前几章中我们已经看到,运用博弈论分析问题时经常会出现多均衡现象,如性别之战博弈中就有三个均衡,这往往导致我们无法对均衡性质作出唯一判断。这时,我们就需要对一个博弈下的众多均衡进行分析,尽可能地排除不合理或不合意的均衡。排除均衡的方法一般分为**精炼**(Refinement)与**选择**(Selection)两大类。精炼是指在博弈者进行理性行为选择时增加更多合理推断(提升其理性程度),从而使均衡概念更为精细化;选择则是指在既定博弈环境下,人为增加额外考量成分(与博弈者理性程度无关),从而减少合乎规定的均衡数量。[①]本章我们将介绍一些主要的均衡精炼与选择方法。其中,均衡精炼又可分为两类:一是依托已有均衡概念,在某些环节增加更多推理,从而减少均衡数量,比如**前向归纳**(Forward Induction)、**均衡占优**(Equilibrium Domination)和**直觉标准**(Intuitive Criterion)等;二是增加的理性成分能够一般化,从而形成新的均衡概念,比如**颤抖手完美纳什均衡**(Trembling-hand Perfect Nash Equilibrium)等。而均衡的选择则有**焦点**(Focal Point)、**效用占优**(Payoff Dominance)和**风险占优**(Risk Dominance)等具体标准。通过本章的学习,读者应:

- 明确均衡精炼与选择的区别。
- 理解所介绍的均衡精炼与选择方法背后的思想,并能运用这些方法来处理博弈中的多均衡现象。

[①] Myerson(1991,第 240—242 页)对均衡的精炼与选择作了一个简短综述。

§9.1 均衡的精炼

§9.1.1 前向归纳

我们在第6章中介绍的逆向归纳法是指博弈者在某个时点通过向后预测他人对其不同行为的合理反应,从而来选择当期行为的决策方法。与此相反,Kohlberg 和 Mertens (1986)提出:理性博弈者在作出当期决策时,还需向前预测有哪些行为是前行者可能会作出的,进而将它纳入到当期决策中去。在图9.1中,我们以静态鹰鸽博弈的一个动态变形为例(不包括虚线部分),来说明前向归纳法的应用。

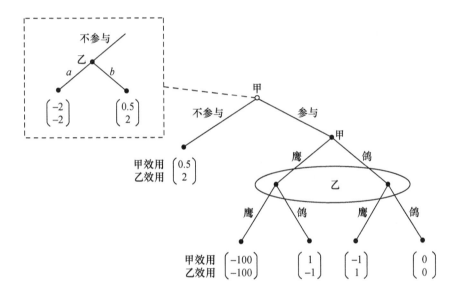

图9.1 动态鹰鸽博弈

两博弈者甲和乙在进行静态鹰鸽博弈之前,甲还有一个选择不参与的机会。这时如果用逆向归纳法,鹰鸽子博弈首先有两个(纯策略)纳什均衡,即(甲:鹰;乙:鸽)和(甲:鸽,乙:鹰)。前一个子博弈均衡推导出的第一步行为是甲参与,后一个则推导出甲不参与。因此,逆向归纳法会得出两个(纯策略)子博弈完美均衡,即(甲:参与,参与后选择鹰;乙:当甲参与时,选择鸽)和(甲:不参与,如果参与则选鸽;乙:当甲参与时,选择鹰)。

现在我们运用前向归纳法对这两个均衡进行精炼。在乙选择自己行为前,她会考虑甲在上一步时的决策。她发现甲选择不参与的效用(为0.5)总要高于甲参与后选择鸽的效用(要么是 -1,要么是0)。这时她就会认为只要甲选择参与,甲必然坚持用鹰,否则还不如不参与。所以,乙在甲参与后的最优选择只有鸽。这样,前向归纳法就剔除了(甲:不参与,如果参与则选鸽;乙:当甲参与时,选择鹰)这个子博弈完美纳什均衡。按照第5章中对静态鹰鸽博弈的解说,甲乙两车狭路相逢时,甲还有一个绕行他路的选择。而本来能够绕道的车选择了冲入,另一车只能被吓退。同样的分析也能够剔除此博弈中的混合策略均衡,因此前向归纳法最后将均衡精炼到一个。注意到此例中前向归纳的核心是:乙能够理性剔除甲参与并选择鸽的行为,是因为它被甲不参与严格占优(Strictly Dominated)。注意,一个行动被另一个行动严格占优是指后者带给博弈者的效用在任何情况下都比前者要高。那么,当一个行动并不被严格占优,它能否被剔除呢?这一思想的延伸就是我们下面要介绍的均衡占优方法。

§9.1.2 均衡占优

将图9.1中完全信息动态鹰鸽博弈中甲不参与一侧整个换为虚线部分,即当甲不参与时,乙还有两种行为 a,b 使甲产生不同的效用。这时,考虑一个纯策略均衡(甲:不参与,如果参与则选鸽;乙:当甲不参与时选择 b,当甲参与时,选择鹰),它显然是一个子博弈完美纳什均衡。注意,这里甲参与并选鸽的行动不再被甲不参与严格占优,因为如果乙在甲不参与时选择 a,那么甲不参与的效用将更低。所以,前向归纳法并不能剔除甲参与并选鸽的行动。而进一步的分析发现,乙在甲不参与时选择 a 这一行动在均衡之下是不可能的(乙在所处的子博弈中选 b 最优),即在均衡路径上,甲不参与的效用是0.5,它严格高于参与并选鸽的效用,所以参与且选鸽仍可以被剔除。这种思考方法称为均衡占优,均衡占优只考虑均衡路径之上的效用(占优),因此它依赖于均衡策略是共同认识这一假设。

均衡占优还可用于不完全信息博弈的均衡精炼,基本思想仍是将占优比较限制于均衡路径之上,只不过要引入信念因素,因而结构更为复杂。下面以上一章所介绍的劳动力市场信号传递博弈为例,介绍均衡占优在不完全信息博弈中的含义。我们完全沿用上一章的表示符号,在一个弱完美贝叶斯均衡 $\Psi^* = (e^*(\theta), w^*(e^*(\theta)), \mu^*)$ 中,$u^*(\theta) = u^*(e^*(\theta), w^*(e^*(\theta)), \theta), \theta \in \{\theta_H, \theta_L\}$,表示在给定类型 θ 的情况下,均衡工资 w^* 与均衡教育量 e^* 带来的效用。均衡 Ψ^* 下,如果类型 θ 的工人另有一种教育量 e',厂商在任何

$\mu^*(\theta|e')>0$ 的均衡信念下,将会给该工人工资 $w^*(e'(\theta))$。如果此工资带给工人的效用比均衡 Ψ^* 下的效用 $u^*(\theta)$ 更低,我们则说这个教育量 e' 是类型 θ 的工人不可能采取的行为,即它在 Ψ^* 下被均衡占优(Equilibrium Dominated)了。现在我们给出一般的一次信号传递的博弈环境,即有一个信号发送者,其策略是根据自身类型 θ 发送信号 $e(\theta)$;而一个信号接受者则根据收到的信号 $e(\cdot)$ 来给出相应的回应 $w(e(\cdot))$。在此环境中,发送一个信号 e' 会被均衡占优的严格定义如下。

定义 9.1.1 在一次信号传递博弈的一个弱完美贝叶斯纳什均衡 $\Psi^*=(e^*(\theta),w^*(e^*(\theta)),\mu^*)$ 中,对于类型为 θ 的信号发送者传递的某个信号 e',用 $W^*(\Theta,e')$ 表示信号接受者所有可能回应 e' 的行动集合,其中 $\Theta=\{\theta:\mu^*(\theta|e')>0\}$。如果信号发送者的均衡效用 $u^*(\theta)>\underset{w\in W^*(\Theta,e')}{\text{Max}}u(e',w,\theta)$,那么发送信号 e' 就是一个在 Ψ^* 下被均衡占优的行为。

运用均衡占优的方法可以排除很多不合理均衡,其步骤一般是:给定一个均衡,先找出该均衡下被占优的行为并将其剔除,然后看剔除后信念体系会发生什么变化,最后确定变化后的信念体系能否支持余下的均衡行为,如不能支持则此均衡可以被排除。下面的例子要求我们运用定义9.1.1来对信号传递博弈进行均衡的精炼。

例9.1 信号传递博弈的均衡精炼。请运用以上均衡占优的定义9.1.1,精炼出劳动力市场信号传递博弈的唯一均衡。

解:我们首先来看分离均衡。在图9.2(a)中,E 点到 H 点之间的任一教育量都能构成均衡。考虑 G 点均衡,在此均衡下,低生产率工人选择任何教育量 $\tilde{e}\in(e_{H1}^*,e_{H2}^*)$ 都是被均衡占优的行为,因为信号 $\tilde{e}$ 带给低生产率工人的所有可能合同均在其无差异曲线之下。① 于是,教育量 $\tilde{e}$ 对低生产率工人来说是可以剔除的。既然低生产率工人不会选择教育量 $\tilde{e}$,高生产率工人只用选择一个教育量 $\hat{e}<e_{H2}^*$ 即可区别于低生产率工人,因而 G 点均衡就不能被支撑。运用同样逻辑进行排除,分离均衡最终将只剩下 E 点均衡。

我们再看混同均衡。如上一章所述,混同均衡可以是图9.2(b)中 x,y 两点间的任意一个,比如 c 点。c 点带给低生产率和高生产率工人的均衡效用分别用无差异曲线 l 与 m

---

① 根据定义9.1.1,$\Theta=\{\theta:\mu^*(\theta|\tilde{e})>0\}=\{\theta_H,\theta_L\}$,$W^*(\Theta,\tilde{e})=[\theta_L,\theta_H]$。因此,$\underset{w\in W^*(\Theta,\tilde{e})}{\text{Max}}u(\tilde{e},w,\theta_L)$ 在 $w=\theta_H$ 时获得极值。因此,接受教育量 $\tilde{e}$ 可能带给低生产率工人的最好合同是 $(\tilde{e},\theta_H)$,它在低生产率工人的无差异曲线之下。容易看到,$\tilde{e}$ 对低生产率工人是被均衡占优的,但对于高生产率工人则不是。

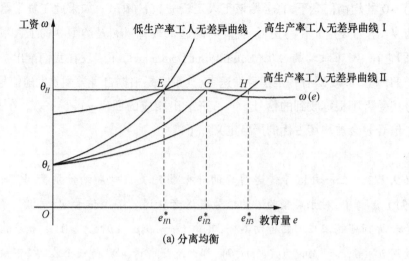

(a) 分离均衡

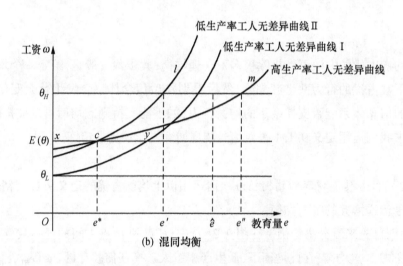

(b) 混同均衡

图 9.2 劳动力市场信号传递博弈的均衡精炼

来表示。根据定义 9.1.1，低生产率工人选取任何教育量 $\hat{e} \in (e', e'')$ 都将被 c 点均衡占优，因为厂商对 $\hat{e}$ 的所有可能回应合同都在无差异曲线 l 之下。所以，教育量 $\hat{e}$ 将为低生产率工人所剔除。一旦厂商观察到 $\hat{e}$，它将确定只可能来自于高生产率者。在此信念之下，c 点均衡就不能被支撑，因为高生产率工人当然会选择教育量 $\hat{e}$ 以获取 θ_H 的最优回应工资。注意到合同 $(\hat{e}, \theta_H)$ 是位于高生产率工人 c 点均衡效用曲线 m 之上的，因此所有混同均衡也会被剔除。总结起来，均衡占优将该博弈精炼出唯一的 E 点分离均衡。∎

§9.1.3 直觉标准

Cho 和 Kreps (1987)运用以上均衡占优的思想,进一步提出了直觉标准作为均衡精炼的另一种方法。这里仍用劳动力市场信号传递博弈为例并沿用上节的字母标识来进行说明。该方法的基本步骤是:首先考查任一教育量 e,如果该教育量对于类型 θ 的工人来说是一个被均衡占优的行为,理性推理即可断定一旦观察到信号 e,出自类型 θ 便是不可能的。运用此逻辑,我们就可以对每种信号可能来自的类型形成一个更为理性的判断集合;然后在此集合之下,检验工人是否有偏离均衡的行为能带来比给定均衡更高的效用。如果有,那么该均衡就是不符合直觉的,即违反了直觉标准。我们用 $\Theta^*(e)$ 来表示给定均衡下,厂商观测到信号 e 时依定义 9.1.1 进行均衡占优修正后所产生的类型判断集合,即 $\Theta^*(e) = \{\theta: e$ 对于类型 θ 不是定义 9.1.1 下被均衡占优行为$\}$。那么直觉标准的定义就是:

定义 9.1.2 一次信号传递博弈的一个完美贝叶斯均衡 $\Psi^* = (e^*(\theta), w^*(e^*(\theta)), \mu^*)$ 违反了直觉标准,如果存在一个类型为 θ 的信号发送者,她有一行为 e',使得

$$\mathop{\text{Min}}_{w \in W^*(\Theta^*(e'), e')} u(e', w, \theta) > u^*(\theta)$$

在一个违反直觉标准的均衡中,我们总可以找到这样一个类型的信号传递者:她拥有一种信号,此信号在面临对手剔除了均衡占优行为之后的所有可能回应时,都能产生高于均衡时的效用。将这个标准运用到劳动力信号传递博弈十分明了。比如,对于图 9.2(a) 中的 G 点均衡,高生产率工人拥有信号 $\hat{e} \in (e_{H1}^*, e_{H2}^*)$,而经均衡占优更新后的类型集合 $\Theta^*(\hat{e}) = \{\theta_H\}$。这样,高生产率工人只用选择教育量 $\hat{e}$,其类型便可为厂商所完全识别,从而使 G 点均衡违反了直觉标准。最终,直觉标准也将精炼出唯一的 E 点分离均衡。事实上,在只有两种类型的信号传递博弈中,均衡占优与直觉标准是等同的。当类型超过两种时,一般是经均衡占优精炼过的均衡总可以通过直觉标准,反之则不然,所以直觉标准在均衡精炼力度上要弱一点。

§9.1.4 颤抖手完美纳什均衡

颤抖手完美纳什均衡是 Selten(1975)提出的精炼纳什均衡的一种方法。它假定博弈者在执行给定策略时可能出现误差或偏离,并将此特征构造为一围绕给定策略振动的策略序列,从而在极限中收敛成一个稳定的均衡策略。颤抖手完美纳什均衡可以分为两类,分别是针对博弈的规范式与扩展式进行定义的,称为**规范式颤抖手完美纳什均衡**(Normal Form Trembling-hand Perfect Nash Equilibrium)和**扩展式颤抖手完美纳什均衡**(Extensive Form Trembling-hand Perfect Nash Equilibrium)。我们将从下面这个例子开始对这两个均衡概念进行详细的讨论。①

先看图 9.3 中的两轮博弈,其中图 9.3(a)是博弈扩展式,图 9.3(b)是规范式。B 有两个策略:L 和 R;A 也有两个策略:若 B 执行 L 则 L' 以及若 B 执行 L 则 R'。容易看到该博弈有两个纳什均衡,一是($B:L;A:$若 L 则 L'),另一个是($B:R,A:$若 L 则 R')。后一个均衡使用了 A 的一个劣策略:若 L 则 R'。现在,我们进一步假定博弈者在执行均衡策略时可能出现误差,这时,含有劣策略的均衡能被支持吗?答案是不能,只要 B 有一丝可能偏离执行 R,A 选择非劣策略总是更好。因此,均衡($B:R,A:$若 L 则 R')不能通过颤抖(小偏差)的检验。以上思想的一般化就形成了规范式颤抖手完美纳什均衡,我们沿用第 4 章的字母标识,将其定义如下:

定义 9.1.3 在一个 N 人规范式博弈 $Y=(N,\Delta(S_i),u_i(\cdot))$ 中,策略组合 σ 是一个规范式颤抖手完美纳什均衡,如果存在一个完全混合的策略组合序列 $\sigma^t, \lim_{t\to\infty}\sigma^t = \sigma$,且对于所有的 i 和 $s_i \in S_i$,有 $u_i(\sigma_i,\sigma^t_{-i}) \geq u_i(s_i,\sigma^t_{-i})$,$i=1,2,\cdots,N$。

定义 9.1.3 要求均衡策略组合 σ 存在一个在其附近颤抖的策略组合序列,而且 σ 中的每一个策略都是对整个序列中对手策略的最优回应,即 σ_i 是对 σ^t_{-i} 的最优回应。相比之下,顺序均衡并不对整个策略序列作此要求,相互最优只用在极限中得以保持即可。

定义 9.1.3 中的规范式颤抖手完美纳什均衡应用到动态博弈会有一定的局限性,因为它有时会与子博弈完美纳什均衡相冲突。比如我们将图 9.3 中的博弈再向前增加一轮 A 的行动,如图 9.4(a)中所示。这时,博弈的浓缩规范式由图 9.4(b)给出,从中可以

---

① 此例改编自 Fudenberg 和 Tirole(1991)第 8 章的一个例子。

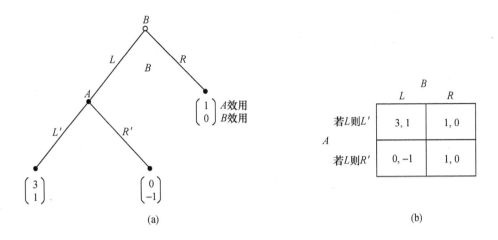

图 9.3　包含劣策略的均衡

发现 $(A:R_0, B:$ 若 L_0 则 $R)$ 是一个规范式颤抖手完美纳什均衡。这一点我们可以通过分别赋予 A 的三个策略 $s_A^1 = R_0$，$s_A^2 = (L_0,$ 若 L 则 $L')$ 和 $s_A^3 = (L_0,$ 若 L 则 $R')$ 以 $\left(1 - \dfrac{1}{t^2} - \dfrac{1}{t}\right)$，$\dfrac{1}{t^2}$ 和 $\dfrac{1}{t}$ 的概率，从而构造完全混合的策略组合序列并依照定义 9.1.3 来进行验证。这里不再给出详细过程。注意到此规范式颤抖手完美纳什均衡并不是子博弈完美的，因为运用逆向归纳法，A 最后一轮应选 L'，这导致 B 行动时应选择 L 而不是 R。那么问题出在哪呢？

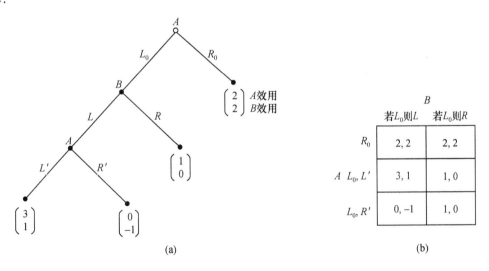

图 9.4　子博弈完美纳什均衡与颤抖手完美纳什均衡

规范式颤抖手完美纳什均衡的定义允许一个博弈者在动态博弈不同阶段对行动进行颤抖的概率是相关的,比如策略 s_A^2(先 L_0 后 L')的概率是 $\frac{1}{t^2}$,策略 s_A^3(先 L_0 后 R')的概率是 $\frac{1}{t}$。从图 9.4(b)中可以看到,策略 s_A^2 总体好过 s_A^3,因为 s_A^3 是一个劣策略,但规范式颤抖均衡允许前者执行的概率在整个颤抖序列中都要小于后者。这将直接影响到 B 的选择。若 A 真的颤抖到 L_0,运用贝叶斯法则,B 认为 A 会执行 R' 的概率是 $\frac{1/t}{1/t+1/t^2}$。此项在极限中趋向于1,从而支持 B 选择 R,而这正是与子博弈完美纳什均衡的矛盾之处。

为了解决这个问题,Selten(1975)又提出扩展式颤抖手完美纳什均衡的概念,用以消除同一博弈者的前期行动与后期行动在颤抖概率上的相关性。他的方法是:在每一个信息集假定有一个代理人(Agent)代替博弈者进行选择,每个代理人都相互独立,但拥有和所代理对象完全一样的效用函数。显然,设定代理人只是一个技术手段,是为了排除前后颤抖相关性。因此,扩展式颤抖手完美纳什均衡又称代理人规范式颤抖手完美纳什均衡。在图 9.4 中,A 应有两个代理人(两个信息集),B 有一个,于是整个博弈可以转为三个代理人的博弈。将规范式颤抖手完美纳什均衡的概念直接应用到这个三人博弈的规范式便可得到扩展式颤抖手完美纳什均衡。基于以上理解,下面扩展式颤抖手完美纳什均衡的定义便十分清楚了。

定义 9.1.4   在一个扩展式博弈 Y_E 下的策略组合 σ 是一个扩展式颤抖手完美纳什均衡,当且仅当:该策略组合也是博弈 Y_E 的代理人规范式的一个规范式颤抖手完美纳什均衡。

这样,扩展式颤抖手完美纳什均衡以引入代理人的方法克服了规范式颤抖手完美纳什均衡在动态博弈中的局限。根据定义 9.1.4,规范式颤抖手完美纳什均衡(A:R_0,B:若 L_0 则 R)并不是一个代理人规范式颤抖手完美纳什均衡。因为面对 A 的第一个与第二个代理人分别收敛于 R_0 和 L' 的策略序列时,B 执行 L 比执行 R 要好。[①] 于是,扩展式颤抖手完美纳什均衡最终会将图 9.4 中的博弈均衡精炼为唯一的子博弈完美均衡(A:L_0;若 L 则 L',B:若 L_0 则 L)。

最后,我们不作证明地介绍一下颤抖均衡的一些特性。第一,有限策略集的博弈总有一个颤抖均衡;第二,颤抖均衡排除了劣策略;第三,所有的颤抖均衡都是顺序均衡,反

---

① 注意在一个代理人规范式颤抖手完美纳什均衡下,A 的第二个代理人总应选择 L'。

之则不然。

事实上,对颤抖均衡本身还可以作进一步的精炼,Myerson(1978)提出了适当均衡(Proper Equilibrium)的概念。适当均衡在颤抖均衡的基础上,对颤抖的概率作了进一步的限制。它要求当一个策略带给行动者的效用越低时,颤抖到此策略上的可能性也越小,即偏离行为的概率与其成本成反比。比如上例中,要证明策略组合($A:L_0$;若 L 则 L', B:若 L_0 则 L)是一个适当均衡,构造颤抖序列时赋予策略 s_A^2 的概率就应高于 s_A^3 的。总结起来,弱完美贝叶斯均衡⊃顺序均衡⊃颤抖手完美均衡⊃适当均衡。

§9.2 均衡的选择

下面我们来看均衡选择的主要方法。

§9.2.1 焦点

焦点首先是由 Schelling (1960) 提出来作为选择均衡的一种方法。Schelling 认为均衡的选择是一个经验问题,对博弈者实际行为的成功判断并不能通过从先验假设出发的理论推导得出,其规律应从实验观察得到。Schelling(1960)举出一个例子:一些人被问到如果两人某一天约好在纽约见,他们应何时、去哪里见面。这如果规范成一个两人协调博弈,就会有众多的纳什均衡,只要两人选择的时间与地点正好相同即构成一个均衡。那么在这些均衡中人们怎样作出选择呢?Schelling 的实验结果是:大部分纽约人会选择一天的正午在中央地铁站的问询处见。于是正午加中央地铁站的问询处便形成大量均衡中最突出的一个,根据它所作出的均衡选择与行为预测便是有经验支持的。所以,在一个博弈模型的众多均衡中,因模型外的因素使某一个均衡就所有博弈者看来,天然独特,那么此均衡就称为焦点。选择焦点必须给博弈模型增加新的信息,这又因博弈本身的不同而表现为不同的内容,比如文化、习俗等。Schelling 指出,在纽约见面的博弈中,如果实验参与者都不是纽约本地人,那么焦点均衡可能会变成帝国大厦的楼顶,因为对外地人来说帝国大厦是一个著名景点,而就当地人看来,中央地铁站则是一个更常去的地方。我们在第 4 章介绍的性别之战博弈有三个均衡,不同风俗环境导致的焦点将会有所不同。在一个女性意见更为主导的社会,陪女性一起逛商店可能就是一个很自然的选择。再比如,不同国家的行车路线有的是靠左,有的是靠右。如果将众人行车抽象成一个博弈,那么只要所有同方向的车均沿路的同一边行驶就构成均衡,但不同国家可能因为习惯而形成了不同的焦点(如在英国行车靠左而在美国则靠右)。总之,焦点的选择是个经验而非理论问题。

§9.2.2 效用占优

效用占优是根据不同均衡下效用的相对大小来进行均衡选择的标准。在给定博弈中,一个均衡相对于其他均衡来说,若能给所有博弈者都带来更高的效用,该均衡就称为效用占优均衡。效用占优均衡较其他均衡来说是一个帕累托改进。Schelling(1960)认为效用占优均衡本身就是一种焦点,所有博弈者都会自然选择它。图9.5是Harsanyi和Selten(1988)中讨论的一个猎鹿博弈的例子,从中我们可以看到效用占优原则的应用。在猎鹿博弈中,两个猎人有两种策略:猎鹿或猎兔。如果两人同时猎鹿,狩猎成功效用都是9;同时猎兔则效用均为7;一人猎鹿,另一人猎兔,那么猎兔者将狩猎成功(猎兔较容易),效用为8,而单独猎鹿者将不能成功(猎鹿较困难),效用为0。此博弈有三个均衡,同时猎鹿,同时猎兔,或在两者之间进行随机混合。显然,同时猎鹿均衡能够提高所有博弈者的效用,即效用占优,因此应成为博弈者的选择。在第4章的性别之战博弈中,也存在三个均衡,但没有一个均衡相对于另外两个来说能带给博弈者效用上的帕累托改进,效用占优原则便不能应用于该博弈的均衡选择。

	猎鹿	猎兔
猎鹿	9,9	0,8
猎兔	8,0	7,7

图 9.5 猎鹿博弈

Harsanyi和Selten(1988)认为效用占优是一个很强的均衡选择标准,因为一旦条件允许,理性人都会选择能够带来帕累托改进的均衡。但这一选择机制具体又是如何实现的还需要深入讨论。Bernheim et al.(1987)通过允许无限的交流,Matsui(1991)则通过前置一个空谈博弈,为帕累托改进均衡的实现提供了更精细的解释。尽管如此,仍然有实验结果,比如 Cooper et al.(1990,1992)显示博弈者并非总是选择效用占优均衡。其主要原因是:效用占优标准并未考虑到均衡外策略也会对博弈者的均衡选择产生影响,这就是下面将要介绍的风险占优原则。

§9.2.3 风险占优

Harsanyi 和 Selten(1988)率先提出的风险占优原则是一套复杂的跟踪程序(Tracing Procedure),用以对均衡进行选择。跟踪程序努力使均衡的选择尽量少地依赖于模型外的因素,因而它类似于均衡的精炼。但在该程序的复杂过程中,仍然存在一些较主观的设定,这些设定还需要得到更为充分的解释。Selten(1995)则主要从均衡的稳定性出发,为只有两种策略的博弈均衡提出了一个较为简化的选择方法。其基本思想是:当某一均衡下所有博弈者都存在执行另一均衡策略的可能时,该均衡在多大程度上还能被支持。具体的测度指标见 Selten(1995)。我们这里只在最简单的只有两种策略和两个博弈者的对称博弈结构下,提出风险占优的一种特殊定义:一个博弈下,假设博弈者均存在偏离均衡行为的可能,如果对每个博弈者来说,执行均衡 A 中策略可能得到的最低效用要高于执行均衡 B 中策略而可能带来的最低效用,我们说均衡 A 相对于均衡 B 是风险占优的。这意味着对于对手偏离均衡的行为,风险占优均衡承受的损失更小。仍以上节的猎鹿博弈为例,虽然两人同时猎鹿效用更高,但在此均衡下,一旦对手跑去猎兔,因自己一人逮不到鹿,效用会降为0。相反,在同时猎兔均衡下,不用担心对手去打鹿,因为这反会使自己的效用提升,执行同时猎兔均衡于是显得相对安全。这样,风险占优原则剔除了同时猎鹿均衡,同样方法,也可以进一步剔除混合均衡。在性别之战博弈中,效用占优原则将无法作出均衡选择,风险占优原则会筛选得出唯一的混合策略均衡。

Harsanyi 和 Selten(1988)认为博弈的均衡选择最先要应用效用占优原则,只有当效用占优原则无法奏效时,才应用风险占优原则。根据他们的观点,在猎鹿博弈中,同时猎鹿均衡是最合理的,因为它符合效用占优原则,尽管同时猎兔均衡是风险占优的。一般来说,当效用占优原则与风险占优原则在选择均衡上产生冲突时,并非总是一个原则优于另一个。Schmidt et al. (2003)运用实验发现,现实中博弈者的均衡选择将取决于效用占优与风险占优的相对强弱程度。发掘这两个原则决定均衡选择的具体规律,仍需更精细的经验研究。

至此,我们已将完全信息动、静态博弈与不完全信息动、静态博弈以及博弈均衡的精炼与选择介绍完毕。博弈论为我们全面思考问题,从而作出合理选择提供了一个十分有用的工具。由于现实问题总是复杂多变,一个完全与现实一致的博弈模型,其建立与求解往往都很困难。因此在运用博弈论时,需要对现实作出适当抽象,用问题的核心要素来构成博弈模型的框架。而当我们给模型变量赋值时,则要求它们客观反映现实关系,由此得出的均衡解才能更好地预测人们的行为。总之,现实中人们的选择总是一个科学加艺术的过程,博弈论的作用在于保证选择与决策框架的科学性,同时提高直觉的准确度。

思 考 题

1. 将第 8 章劳动力市场信号传递博弈中的工人类型扩展到三种,即高、中和低生产率。

(1) 讨论直觉标准能否将均衡精炼至唯一。

(2) Cho 和 Kreps（1987）中的其他均衡精炼标准能否将均衡精炼至唯一。

2. 考虑图 9.6 中的博弈。请找出子博弈完美纳什均衡,规范式以及扩展式颤抖手完美纳什均衡。

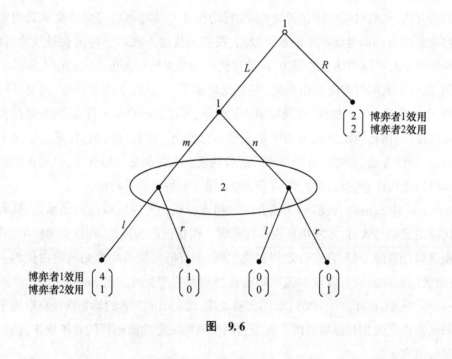

图 9.6

3. 根据 Schmidt et al.（2003）中的实验结果,谈谈你对各种均衡选择标准的看法。

参 考 文 献

Bernheim, B. D., B. Peleg, and M. D. Whinston (1987), "Coalition-Proof Nash Equilibria I: Concepts", *Journal of Economic Theory* 42: 1—12.

Cho, I. K., and D. Kreps (1987), "Signaling Games and Stable Equilibria", *Quarterly Journal of Economics* 102: 179—221.

Cooper, R., D. DeJong, R. Forsythe, and T. Ross (1990), "Selection Criteria in Coordination Games: Some Experimental Results", *American Economic Review* 80: 218—233.

Cooper, R., D. DeJong, R. Forsythe, and T. Ross (1992), "Communication in Coordination Games", *Quarterly Journal of Economics* 107: 739—771.

Fudenberg, D., and J. Tirole (1991), *Game Theory*, Cambridge, Mass.: The MIT Press.

Harsanyi, J., and R. Selten (1988), *A General Theory of Equilibrium Selection in Games*, Cambridge, Mass.: The MIT Press.

Kohlberg, E., and J. F. Mertens (1986), "On the Strategic Stability of Equilibria", *Econometrica* 54: 1003—1038.

Kreps, D. M., and R. Wilson (1982), "Sequential Equilibrium", *Econometrica* 50: 863—894.

Mas-Colell, A., M. Whinston, and J. Green (1995), *Microeconomic Theory*, Oxford University Press.

Matsui, A., and K. Matsuyama (1995), "An Approach to Equilibrium Selection", *Journal of Economic Theory* 65: 415—434.

Myerson, R. B. (1978), "Refinements of the Nash Equilibrium Concept", *International Journal of Game Theory* 7: 73—80.

Myerson, R. B. (1991), *Game Theory: Analysis of Conflict*, Cambridge, Mass.: Harvard University Press.

Schelling, T. C. (1960), *The Strategy of Conflict*, Cambridge, Mass.: Harvard University Press.

Schmidt, D., R. Shupp, J. M. Walker, and E. Ostrom (2003), "Playing Safe in Coordination Games: the Roles of Risk Dominance, Payoff Dominance, and History of Play", *Games and Economic Behavior* 42: 281—299.

Selten, R. (1975), "Re-examination of the Perfectness Concept for Equilibrium Points in Extensive Games", *International Journal of Game Theory* 4: 25—55.

Selten, R. (1995), "An Axiomatic Theory of a Risk Dominance Measure for Bipolar Games with Linear Incentives", *Games and Economic Behavior* 8: 213—263.

van Damme, R. (1983), *Refinements of the Nash Equilibrium Concept*, Berlin: Springer Verlag.

附录 A 合作博弈论

§A.1 合作博弈论的理论框架

合作博弈论是博弈论的一个重要分支,它对人们的相互依存关系作出与非合作博弈完全不同的规范化,从而形成不同的理论体系。非合作博弈将模型的描述精确到每个博弈者的行动及其次序,而合作博弈则将这些细节抽象掉,直接关注各博弈者形成不同的集团(合作)会带来哪些结果。在很多情况下,将一个复杂的现实场景转化成一个严格的非合作博弈模型可能比较困难,而转化为合作博弈框架则可简化对场景细节的描述,突出结果的形成。因此,两种博弈理论各有所长,它们的选择与应用取决于我们所研究问题的特点。

如前文所述,一个非合作博弈包括四个构成要素:博弈者、博弈规则、博弈结局和博弈效用。合作博弈将后三个要素抽象为一个部分,这样合作博弈就由两部分构成:一是所有博弈者的集合,二是将不同博弈者的组合对应其可得集体效用的函数。严格说来,合作博弈包括博弈者集合 $\mathcal{N}=\{1,2,\cdots,N\}$,其中 $i\in\mathcal{N}$ 代表博弈者 i。我们用 τ 表示集合 $\mathcal{N}$ 的一个子集,即 $\tau\subset\mathcal{N}$,τ 代表 N 个博弈者中的一个可能的联盟(Coalition)。定义 $v:\mathcal{P}(\mathcal{N})\to\mathbb{R}$ 为该博弈的特征函数(Charateristic Function),其中 $\mathcal{P}(\mathcal{N})$ 代表由 $\mathcal{N}$ 的所有子集所组成的集合。特征函数 v 给出任一联盟 τ 所能获得的最大总效用 $v(\tau)$,$v(\tau)$ 通常称做联盟 τ 的价值(Worth)。这样,$(\mathcal{N},v)$ 组合就构成了一个合作博弈。我们可以看到,特征函数 v 并不描述联盟外的博弈者对联盟效用的影响,也不考虑联盟如何形成、能否被执行以及如何执行等,这些都被合作博弈框架抽象掉。另外,特征函数 v 定义的是一个联盟的总效用,参与联盟的每个博弈者效用则是对总效用的一个分配。这里的假设是:无论效用在联盟成员之间如何转移分配,联盟价值不变,即 $(\mathcal{N},v)$ 是一个可转移效用博弈(Transferable Utility Game)。至于联盟中每个人的效用具体应如何分配,将在下两节进行介绍。我们先用一个例子来说明以上给出的诸多概念。

考虑一个简单的经济环境,其中有一个资本所有者,两个工人,资本和劳动都对利润的实现不可或缺。资本与任一工人结合将产生利润 p,与两个工人结合则产生利润 $2p$,其他任何组合都是零利润。定义博弈者集合 $\mathcal{N}=\{1,2,3\}$,其中博弈者 1 代表资本所有者,2,3 代表工人。可能的联盟共有 $2^3=8$ 个,即 $\mathcal{P}(\mathcal{N})=\{\{\varnothing\},\{1\},\{2\},\{3\},\{1,2\},\{1,3\},\{2,3\},\mathcal{N}\}$。特征函数 v 为:$v(\varnothing)=0$;$v(\mathcal{N})=2p$;$v(\{1,i\})=p,i=2,3$;$v(\{2,3\})=0$;$v(\{i\})=0,i=1,2,3$。$(\mathcal{N},v)$ 构成一个可转移效用合作博弈。我们需要预测该博弈下

的行为,因此就必需类似均衡之类的解的概念。非合作博弈的均衡讨论的是各博弈者的相互最优策略组合,而合作博弈因抽象掉了策略,它的均衡就直接讨论博弈者效用的分配问题,由此形成的概念主要有两种,一种称为**核**(**Core**),另一种则称为 **Shapley 值**(**Shapley Value**)。前者关注分配方式的稳定性,后者则注重个人对联盟的贡献度。下面两节将在可转移效用合作博弈的框架下对它们进行介绍。

§A.2 核

在一个$(\mathcal{N},v)$博弈中,全体联盟$\mathcal{N}$的价值是$v(\mathcal{N})$。对于所有博弈者来说,考虑是否存在一种稳定的分配方式,将全体联盟的集体效用$v(\mathcal{N})$转化为个人效用$u_i, i=1,2,\cdots,N$。这种稳定分配方式必须保证:博弈者之间自行形成的任何小联盟都不能带给联盟比原分配方式更大的效用。如果存在能提高效用的小集团,我们就称它**阻碍**(**Block**)了原分配方式$u=(u_1,u_2,\cdots,u_N)$。

定义 A.2.1 在一个$(\mathcal{N},v)$合作博弈中,联盟$\tau\subset\mathcal{N}$阻碍了全体联盟分配方式$u=(u_1,u_2,\cdots,u_N)$,当且仅当$\sum_{i\in\tau}u_i < v(\tau)$。

当联盟τ能够阻碍一种分配方式时,意味着小集团合作产生的总效用将大于其成员原分配效用的加总。当不存在任何此类阻碍时,全体联盟的一种分配方式才是稳定的,即这种分配处于博弈$(\mathcal{N},v)$的核中。所以,对应于全体联盟$\mathcal{N}$,核是所有稳定的个人效用分配方式的集合。当核是空集时,它就不能对合作博弈的结果作出任何预测。

定义 A.2.2 在一个$(\mathcal{N},v)$合作博弈中,分配$u=(u_1,u_2,\cdots,u_N)$处于核中,当且仅当:没有联盟能够阻碍u,即对任意$\tau\subset\mathcal{N}$,$\sum_{i\in\tau}u_i \geq v(\tau)$,同时$\sum_{i\in\mathcal{N}}u_i \leq v(\mathcal{N})$。

$\sum_{i\in\tau}u_i \geq v(\tau)$表示没有能比分配方式$u$做得更好的小联盟,而$\sum_{i\in\mathcal{N}}u_i \leq v(\mathcal{N})$则意味着实行分配$u$是可行的。在下面这个例子中,我们将计算上一节资本-劳动合作博弈的核。

例 A.1 资本-劳动合作博弈的核。请找出上一节中资本-劳动合作博弈的核的集合。

解：分配 $u = (u_1, u_2, u_3)$ 要规避所有联盟的阻碍才能处于核中。首先，$u_1 + u_2 + u_3 \leq 2p$，即分配 u 是可行的。其次，$u_i \geq 0, i = 1, 2, 3$，即分配方式 u 不比个人单干差。最后，对于两人联盟，$u_2 + u_3 \geq v(2,3) = 0$；$u_1 + u_i \geq v(1,i) = p, i \in \{2,3\}$。因此，资本-劳动博弈的核的集合是 $\{u: u_1 + u_2 + u_3 \leq 2p, 且 u_1 + u_2 \geq p, 且 u_1 + u_3 \geq p, 且 u_1, u_2, u_3 \geq 0\}$。∎

从上例可以看到，核作为合作博弈的一种解的确能剔除大量不稳定的情况，但是它不能保证对个人效用作出唯一的预测。其原因在于关注分配稳定性的核并没有给出一个具体如何分配总效用的机制，而由 Shapley(1953) 提出的 Shapley 值则解决了这一问题。

§A.3 Shapley 值

在一个联盟 τ 中，博弈者 i 应获取的效用将取决于她对联盟 τ 的贡献度。我们定义 $m_i(\tau) = v(\tau) - v(\tau \setminus \{i\}), i \in \tau$，为博弈者 i 对联盟 τ 的边际贡献(Marginal Contribution)，其中 $\tau \setminus \{i\}$ 代表除 i 之外 τ 中的其他人形成的联盟。我们用 $m_i(\tau)$ 来衡量博弈者 i 的加入能在多大程度上提高原联盟 $\tau \setminus \{i\}$ 的总效用。这里，不能简单地将 $m_i(\mathcal{N})$ 作为 $(\mathcal{N}, v)$ 合作博弈下博弈者 i 所得的效用分配，因为不能保证 $\sum_{i \in \mathcal{N}} m_i(\mathcal{N}) \leq v(\mathcal{N})$，以上的资本-劳动博弈即是一例。Shapley 的构思则是：博弈者 i 在 $(\mathcal{N}, v)$ 博弈下可能形成各种联盟，只要将她对不同联盟的边际贡献平均起来，就是她在全体联盟 $\mathcal{N}$ 下应得的最终效用分配 $\phi_i(\mathcal{N}, v)$。我们称 $\phi_i(\mathcal{N}, v)$ 为 $(\mathcal{N}, v)$ 博弈的 Shapley 值，下面是它的严格定义。[①]

定义 A.3.1 一个 $(\mathcal{N}, v)$ 合作博弈的 Shapley 值是一组分配 $\Phi = (\phi_1, \phi_2, \cdots, \phi_N)$，其中 $\phi_i(\mathcal{N}, v) = \sum_{\tau \subset \mathcal{N}} \frac{(|\tau| - 1)!(N - |\tau|)!}{N!} m_i(\tau)$。

定义 A.3.1 中的 Shapley 值看起来复杂且不易理解。这个平均数为什么要如此构造

---

① $|\tau|$ 代表联盟 τ 中的人数。

呢？Shapley(1953)认为合作博弈者的分配应遵循以下四个公理：一是效率公理，即$\sum_{i \in \mathcal{N}} \phi_i(\mathcal{N}, v) = v(\mathcal{N})$，所有的效用都被分配无浪费。二是虚拟公理，若博弈者i(虚拟博弈者)对任何联盟均无贡献，即对任意$\tau \subset \mathcal{N}, m(\tau) = 0$，那么其分配$\phi_i(\mathcal{N}, v) = 0$。三是对称公理，如果两个博弈$(\mathcal{N}, v)$与$(\mathcal{N}, v')$完全相同，只是博弈者$i, j$的角色被互换，比如资本所有者变成工人，工人变成资本所有者，那么$\phi_i(\mathcal{N}, v) = \phi_j(\mathcal{N}, v')$，即标识并不改变分配。四是加总公理，对于两个合作博弈$(\mathcal{N}, v)$与$(\mathcal{N}, v')$，定义特征函数$v + v'$为$(v + v')(\tau) = v(\tau) + v'(\tau)$，其中$\tau$是任意联盟。那么，对所有$i \in \mathcal{N}, \phi_i(\mathcal{N}, v + v') = \phi_i(\mathcal{N}, v) + \phi_i(\mathcal{N}, v')$。加总公理规定了不同合作博弈的分配$\Phi$是如何相互联系的。人们需在这四个公理的前提下，寻找合适的分配方法。Shapley(1953)证明：存在唯一的Shapley值同时满足这四个公理，即以四公理为基础的合作博弈框架能够带来唯一的预测。那么理论上合适的Shapley值在直观上又如何理解呢？下面我们以资本-劳动博弈为例进行说明。

考虑资本-劳动博弈中的博弈者1，她可能形成哪些联盟呢？有$\{1\}, \{1,2\}, \{1,3\}$和$\{1,2,3\}$。每个联盟都可以计算出她的边际贡献，博弈者1对这四种联盟的边际贡献为：$m_1(\{1\}) = v(\{1\}) - v(\varnothing) = 0; m_1(\{1,2\}) = v(\{1,2\}) - v(\{2\}) = p; m_1(\{1,3\}) = v(\{1,3\}) - v(\{3\}) = p; m_1(\{1,2,3\}) = v(\{1,2,3\}) - v(\{2,3\}) = 2p$。现在只要找出各联盟发生的概率就能完成平均边际贡献值的计算。关键是这些概率如何确定？确定各联盟发生的概率必须有一个合理的故事。我们可以想象各博弈者以某种顺序进入一个房间，当博弈者1进入后，总是和先她进入的所有人结成联盟。博弈者进入房间的顺序一共有3! = 6种，即(1,2,3), (1,3,2), (2,1,3), (2,3,1), (3,1,2)和(3,2,1)，括号内的数依次代表最先、其次以及最后进入房间的人。我们假设每种进入顺序发生的可能性都相同。按此规则，博弈者1能够结成联盟$\{1\}$的情形有第一、二两种顺序，其发生的概率是2/3!；结成联盟$\{1,2\}$的情形只有第三种顺序，发生概率1/3!；结成联盟$\{1,3\}$的情形只有第五种顺序，概率为1/3!；而结成联盟$\{1,2,3\}$的情形有第四、六两种顺序，发生概率为2/3!。以上穷尽了所有可能，概率加总正好为1。于是，对博弈者1来说，总的期望边际贡献$\phi_1(v) = 2/3! \times 0 + 1/3! \times p + 1/3! \times p + 2/3! \times 2p = p$，这就是博弈者1的Shapley值。现在，我们就将这种平均边际贡献的思想一般化。对于一个$(\mathcal{N}, v)$博弈来说，博弈者i按以上规则形成联盟τ的概率是$(|\tau| - 1)!(N - |\tau|)!/N!$，其中$N!$是$N$人排列的种类数，$(|\tau| - 1)!$是出现在$i$之前的博弈者排列的种类数，$(N - |\tau|)!$则是出现在$i$之后的博弈者排列种类数。这样，平均边际贡献就可以定义为$\phi_i(v) = \sum_{\tau \subset \mathcal{N}} \frac{(|\tau| - 1)!(N - |\tau|)!}{N!} m_i(\tau)$。下面给出一个计算Shapley值的例子。

例 A.2 资本-劳动博弈的 Shapley 值。请找出资本-劳动博弈的 Shapley 值。

解：博弈者 1 的 Shapley 值前文中已求出，为 p。博弈者 2,3 对称，其 Shapley 值相等。这里以博弈者 2 为例，她能够结成的联盟也有四种，$\{2\}$，$\{1,2\}$，$\{2,3\}$ 和 $\{1,2,3\}$。她对四种联盟的边际贡献分别为：$0, p, 0, p$。根据定义 A.3.1，四种联盟出现的概率分别为：$2/3!, 1/3!, 1/3!$ 和 $2/3!$，所以博弈者 2 的 Shapley 值 $\phi_2(v) = 2/3! \times 0 + 1/3! \times p + 1/3! \times 0 + 2/3! \times p = p/2$。这样，资本-劳动博弈的 Shapley 值 $\Phi = (p, p/2, p/2)$。注意到 $v(\mathcal{N}) = 2p$，Shapley 值的预测即是资本独取一半效用，两工人则平分另一半。当有 N 个工人时，每个工人的 Shapley 值是 p/N。[①] ∎

参 考 文 献

Brandenburger, A. (2007), "Cooperative Game Theory", Teaching Materials at New York University.

Shapley, L. (1953), "A Value for n-Person Games", in Kuhn, H., and A. Tucker (eds.), *Contributions to the Theory of Games II*: 307—317, Princeton: Princeton University Press.

Roth, A. E. (1988), "Introduction to the Shapley Value", in A. E. Roth (ed.), *The Shapley Value: Essays in Honor of Lloyd S. Shapley*, Cambridge University Press.

---

① 注意，我们也可采用一个非合作博弈的框架来分析此问题，即假设工人们结成一个实体与资本所有者就合作利益 $2p$ 的分配进行讨价还价。运用第 6 章介绍的 Rubinstein(1982) 无限期轮流出价模型，在各方贴现系数相同的假设下，我们可以得出与 Shapley 值相同的预测。

附录 B　演进博弈论

演进博弈论是以 Maynard Smith 为代表的理论生物学家最先发展起来的,他们运用经济学中的博弈论框架来分析生物界的相互依存与斗争,从而将达尔文自然选择带来生物演进的思想规范化。演进博弈论主要有两种基本方法,一个是 Smith 和 Price(1973)提出的**演进稳定策略**(Evolutionarily Stable Strategy),另一个是 Taylor 和 Jonker(1978)使用的**复制动态**(Replicator Dynamics)。演进稳定策略给出了当既定策略受到变异策略入侵时仍然能保持稳定的条件,而复制动态则描绘出策略演变进而实现均衡的动态轨迹。尽管诞生于理论生物学,演进博弈论在经济学领域也有广泛应用,它的一些概念本身与纳什均衡存在着紧密的联系,对博弈均衡的精炼也能起到重要作用。演进博弈仍然沿用传统的博弈论分析框架,即:有 N 个博弈者,任意博弈者 i 都有一个纯策略集合 S_i 以及一个效用函数 $u_i: S_1 \times S_2 \times \cdots \times S_N \to \mathbb{R}, i=1,2,\cdots,N$。我们将首先用例子引出两种理论方法,然后再作出规范的定义。

§B.1 演进稳定策略

首先考虑 Smith 和 Price(1973)中研究的鹰鸽博弈,我们在前文分析了它的一种特殊形式,现在看一种更一般的情况,并赋予它生物学上的解释。两个个体争夺一资源 $r, r>0$。每一个体的策略集合包括{鹰,鸽}两种。鹰代表攻击直至受伤的行为,鸽代表遇强敌则规避的行为。当一个体采取鹰时,若对手也选择鹰,那么双方平分资源,但都受伤,效用均为 $\frac{1}{2}(r-c), c>0$;如果对手采取的是鸽,此个体全得资源,效用为 r,对手则得 0。当两个体都采取鸽,双方平分资源且无受伤,效用都是 $\frac{1}{2}r$。此博弈由图 B.1 中的规范式表示,可以看到它是一个对称的两个体加两策略博弈。对称博弈意味着双方的策略集合 $S_1 = S_2$,且对于任意 $\alpha \in S_1, \beta \in S_2, u_1(\alpha, \beta) = u_2(\beta, \alpha)$,其中两效用函数的第一、二项分别代表个体 1 与个体 2 的策略。因博弈的对称性,我们可以隐去脚标而用同一函数形式 $u(\cdot)$ 来代表各个体的效用。注意,$u(\alpha, \beta)$ 代表自己执行 α 而对手执行 β 时的效用。以下我们用 x 代表策略鹰,y 代表鸽。

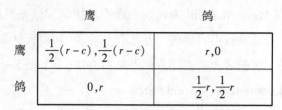

图 B.1　鹰鸽博弈的一般情况

演进博弈假设两个体均来自于同一种群,该种群生来就只执行一种策略,比如,鹰。这与非合作博弈完全不同,在非合作博弈框架下,每个博弈者假设为完全理性,策略的选择不是事先设定,而是根据对对手策略的判断而自己作出的。在演进博弈下,个体一般假定为有限理性,策略都是先天给定,我们只需检验给定的策略是否稳定。检验的标准是看该种群的先天策略是否经得起后天变异行为的入侵。如果变异行为不能动摇该种群所执行的先天策略,即意味着该先天策略在演进过程中是稳定的。下面是对此思想的规范化。

我们考虑一个种群,每当出现资源争斗时,它先天执行鹰策略(x)。那么该策略是否稳定呢?假设该种群面临一小部分变异个体的入侵,这些变异个体只执行鸽策略(y),且所占总种群的比重很小,为$\varepsilon,\varepsilon \in (0,1)$。博弈的演进过程就是该种群与变异个体不断重复进行鹰鸽博弈的过程。由于变异个体来自原种群,它们与原种群的起始生物适应性(Fitness)是相同的。① 每一次鹰鸽博弈都会改变个体的生物适应性,在演进过程中,原种群只有保持自身适应性大于变异个体,才能成功阻止变异行为入侵,即变异个体的比重不会扩大以至将原种群淹没。这就要求每次鹰鸽博弈提高原种群效用(生物适应性)的程度总大于变异种群。作为原种群中的一个个体,它面临鹰鸽博弈场景时有$1-\varepsilon$的概率遇到和自己一样总执行x的对手,另有ε的概率遇到执行y的变异个体。而作为变异个体,遇到原个体的可能是$1-\varepsilon$,遇到同样变异个体的可能是ε。因此,一次鹰鸽博弈对原种群中个体适应性的改变量为:$\Delta_o = (1-\varepsilon)u_o(x,x) + \varepsilon u_o(x,y)$;而对变异种群的适应性改变量则为:$\Delta_m = (1-\varepsilon)u_m(y,x) + \varepsilon u_m(y,y)$。② 原种群的稳定要求:$\Delta_o > \Delta_m$。对很小的$\varepsilon$,这意味着要么$u_o(x,x) > u_m(y,x)$;要么在$u_o(x,x) = u_m(y,x)$时,$u_o(x,y) > u_m(y,y)$。当策略$x$满足这两个条件之一时,原种群的先天特性(每遇鹰鸽博弈都执行x)就可保持稳定,而策略x则被称为**演进稳定策略**。根据图 B.1 中的效用值,很容易验证鸽策略不是一个演进稳定策略。当$r-c \geq 0$时,鹰策略是演进稳定策略,而当$r-c < 0$时,只存在演进稳定的混合策略,我们在后面的例子中将对此作出详细说明。下

---

① 生物学上的适应性是指个体的某种基因类型繁殖的能力。
② 为清楚表明种群类型,我们仅在此对效用函数加了下标,o代表原种群,m代表变异种群。

面给出两人对称博弈下演进稳定策略的一般定义。

定义 B.1.1 在一个两人对称博弈中,混合策略 $\eta,\eta \in \Delta S$,是一个演进稳定策略,如果(i) 对于所有 $\gamma \in \Delta S, \gamma \neq \eta$ 时,$u(\eta,\eta) > u(\gamma,\eta)$;或(ii) 对于所有 $\gamma \neq \eta$,当 $u(\eta,\eta) = u(\gamma,\eta)$ 时,$u(\eta,\gamma) > u(\gamma,\gamma)$。

对定义 B.1.1 的直观解释是:对称博弈下的策略 η 如要稳定,在大多数情况下(即也遇到 η 种群的情况),变异策略都不比它好;或者,若在大多数情况下还存在一些和 η 一样好的变异策略,那么在少数情况下(即遇到变异种群的情况),这些变异策略都比策略 η 差。注意定义 B.1.1 并不便于我们寻找一个博弈的演进稳定策略,而当它与我们熟悉的纳什均衡联系起来时,寻找策略则会相对便利。可以将定义 B.1.1 中的两个条件等价转化为:(i) 对于所有 $\gamma \in \Delta S, u(\eta,\eta) \geq u(\gamma,\eta)$;同时(ii) 对于所有 $\gamma \neq \eta$,如 $u(\eta,\eta) = u(\gamma,\eta)$,那么 $u(\eta,\gamma) > u(\gamma,\gamma)$。这样,定义 B.1.1 就与以下定义是完全等同的。

定义 B.1.2 在一个两人对称博弈中,混合策略 $\eta,\eta \in \Delta S$,是一个演进稳定策略,如果(i) (η,η) 是一个纳什均衡;而且(ii) 对于所有 $\gamma \neq \eta$ 同时 γ 又是对 η 的一个最优回应,有 $u(\eta,\gamma) > u(\gamma,\gamma)$。

下面我们运用以上定义来寻找图 B.1 中鹰鸽博弈的演进稳定策略。

例 B.1 鹰鸽博弈的演进稳定策略。请找出图 B.1 中鹰鸽博弈所有的演进稳定策略。

解:首先找出所有的对称纳什均衡。纯策略组合(鸽;鸽)总不是纳什均衡,所以不会是演进稳定策略。另外纯策略组合(鹰;鹰)以及对鹰鸽两策略进行某种混合的混合策略组合均可能是纳什均衡,现分情况讨论。先看 $r \geq c$ 的情况。(鹰;鹰)是纳什均衡,同时定义 B.1.2 的第二个条件满足,所以是演进稳定策略。另外鹰是占优策略,因此没有混合策略均衡。再看 $r < c$ 的情况,(鹰;鹰)不是纳什均衡,所以不是演进稳定策略。这时存在一个对称的混合策略均衡,即 $\left(\frac{r}{c}\text{概率鹰}, \left(1-\frac{r}{c}\right)\text{概率鸽}; \frac{r}{c}\text{概率鹰}, \left(1-\frac{r}{c}\right)\text{概率鸽}\right)$。令混合策略 $\left(\frac{r}{c}\text{概率鹰}, \left(1-\frac{r}{c}\right)\text{概率鸽}\right)$ 为 η,任意混合策略 γ 都是对它的最优回应。令策略 γ 为 $\{p\text{概率鹰},(1-p)\text{概率鸽}\}, p \in [0,1]$。容易验证,$u(\eta,\gamma) \geq u(\gamma,\gamma)$ 且等号只在 $p = \frac{r}{c}$

时成立,因此定义 B.1.2 的第二个条件满足,该混合策略是一个演进稳定策略。∎

我们可以用演进稳定策略对纳什均衡进行精炼,因为符合演进稳定条件的策略不会受到变异行为的入侵,由这样的策略形成的均衡才是稳定的行为准则。同时我们也要看到,演进稳定策略并不像纳什均衡那样广泛地存在于各种博弈之中。另外,演进稳定策略的概念一般化到大于两人的博弈也存在着一些困难。

§B.2 复制动态

演进稳定策略的定义直接给出了一个策略是演进稳定的条件,但没有描绘出博弈者最终选择这种策略的轨迹。而复制动态则试图构造策略的逐步演变,以展现达到演进稳定策略的过程。不同的复制动态模型使用不同的策略演变规则。下面我们以囚徒困境为例,介绍 Taylor 和 Jonker(1978)提出的复制动态模型。

图 B.2 中是囚徒困境博弈一般情况的规范式。只有两种策略:合作(C)与背叛(D),只要效用值 $c>a>b>d$,D 即是一个严格占优策略。现在要构造策略演变的规则,我们首先假设种群开始时有 λ_C^0 的部分先天执行合作,λ_D^0 的部分先天选择背叛,$\lambda_C^0 + \lambda_D^0 = 1$,$\lambda_C^0, \lambda_D^0 > 0$,其中 λ 的上标表示第 0 期(起始期),下标表示种群类型(C 或 D 类)。用 W_C^0 和 W_D^0 分别表示合作类种群与背叛类种群在起始期的生物适应性,且 $W_C^0 = W_D^0$。注意到每进行一次囚徒困境博弈都会相应改变两类种群的生物适应性,其中合作类种群的适应性变化规则为:$W_C^{t+1} = W_C^t + \lambda_C^t u(C,C) + \lambda_D^t u(C,D)$,而背叛类种群的适应性变化规则是:$W_D^{t+1} = W_C^t + \lambda_C^t u(D,C) + \lambda_D^t u(D,D)$,$t=0,1,\cdots,\infty$。这样第 t 期的物种平均适应性就为:$\overline{W}^t = \lambda_C^t W_C^t + \lambda_D^t W_D^t$。因为生物适应性的变化又将进一步改变不同类种群的相对比重,于是我们假设种群比重随生物适应性变化的规则如下:

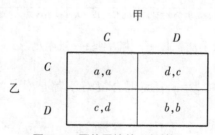

图 B.2 囚徒困境的一般情况

$$\lambda_C^{t+1} = \lambda_C^t W_C^t / \overline{W^t}$$
$$\lambda_D^{t+1} = \lambda_D^t W_D^t / \overline{W^t}$$

这一规则意味着如果某一策略带来的当期生物适应性大于当期平均物种适应性，那么执行该策略的物种比重在下一期就会上升，否则就下降。此规则正是差分方程的运动规律，加上起始条件 λ_C^0, λ_D^0，执行不同策略种群比重的演变轨迹就被确定下来。我们也可以将以上种群比重变化规则转化成一个微分方程，即：①

$$\dot{\lambda}_C = \lambda_C(W_C - \overline{W})/\overline{W}$$
$$\dot{\lambda}_D = \lambda_D(W_D - \overline{W})/\overline{W}$$

将以上动态规则应用到囚徒困境，因 $W_D > W_C$，我们有 $W_C < \overline{W}$，而 $W_D > \overline{W}$。这意味着在种群起始期不论两种类型的比重如何，最终运行的结果都将是先天执行背叛策略的种群淹没了另一类种群，即执行背叛在生物演进过程中是稳定的。

在囚徒困境博弈中，Taylor 和 Jonker(1978)动态模型的预测与演进稳定策略没有什么区别，只是描绘了策略实现的路径。Nowak 和 May (1992,1993) 使用局部互动(Local Interaction)模型(其中个体只与其相邻的个体博弈)对囚徒困境进行研究，其结论则是：由于种群在起始期时合作与背叛类型比重的不同，最终哪种类型占优势也将不同。有的最终导致背叛类完全消灭了合作类，有的则在两类之间永恒振动。因此，复制动态并不总与演进稳定策略的预测一致。

参 考 文 献

Nowak, M. A., and R. M. May (1992), "Evolutionary Games and Spatial Chaos", *Nature* 359(6398): 826—829.

Nowak, M. A., and R. M. May (1993), "The Spatial Dilemmas of Evolution", *International Journal of Bifurcation and Chaos* 3: 35—78.

Smith, M. J., and G. Price (1973), "The Logic of Animal Conflict", *Nature* 246: 15—18.

Taylor, P., and L. Jonker (1978), "Evolutionarily Stable Strategies and Game Dynamics", *Mathematical Biosciences* 40: 145—156.

Weibull, W. J. (1995), *Evolutionary Game Theory*, Cambridge, Mass.: The MIT Press.

---

① 因为 $\lambda_C^{t+1} - \lambda_C^t = \lambda_C^t(W_C^t - \overline{W^t})/\overline{W^t}$，当两期间隔时间很短时，该差分方程便可由微分方程 $\dot{\lambda}_C = \lambda_C(W_C - \overline{W})/\overline{W}$ 近似。

索引

中文	English	页码
Bernoulli 效用函数	Bernoulli Utility Function	24
Harsanyi 转换	Harsanyi Transformation	103
Jensen 不等式	Jensen's Inequality	27
Kakutani 不动点定理	Kakutani's Fixed-point Theorem	61
Monty Hall 游戏	Monty Hall Game	127
Shapley 值	Shapley Value	3, 164
St. Petersburg 之谜	St. Petersburg Paradox	24
Stackelberg 领导者	Stackelberg Leader	83
VCG 机制	VCG Mechanism	117
von Neumann-Morgenstern 期望效用函数	von Neumann-Morgenstern Expected Utility Function	25
Zermelo 定理	Zermelo's Theorem	80
贝叶斯更新	Bayesian Updating	127
贝叶斯纳什均衡	Bayesian Nash Equilibrium	4, 47, 105
闭	Closed	11
边际贡献	Marginal Contribution	165
边缘概率密度函数	Marginal Probability Density Function	16
边缘概率质量函数	Marginal Probability Mass Fucntion	16
并集	Union	11
伯川德模型	Bertrand Model	65
博彩	Lottery	24
博弈	Game	35
博弈参与者	Game Player	35
博弈规则	Game Rule	35
博弈结局	Game Outcome	35
博弈论	Game Theory	1, 3, 4
博弈树	Game Tree	36
博弈效用	Game Payoff	35
补集	Complement	11
不确定性	Uncertainty	26
不完美信息	Imperfect Information	38
不完全信息	Incomplete Information	46
不完全信息动态博弈	Dynamic Game of Incomplete Information	125
不完全信息静态博弈	Static game of Incomplete Information	101
策略	Strategy	35

策略等值法	Strategy Equivalence Method	64
策略式	Strategic Form	43
颤抖手完美纳什均衡	Trembling-hand Perfect Nash Equilibrium	152
传递性	Transitivity	22
纯策略	Pure Strategy	40
词典式偏好	Lexicographic Preference	23
单轮出价博弈	One-stage Bargaining Game	77
动态博弈	Dynamic Game	46
独立事件	Independent Events	15
独立性	Independence	24
对应关系	Correspondence	12
反映	Representation	21
方差	Variance	16
非最优回应策略	Non-best-response Strategy	56
分离均衡	Separating Equilibrium	137
风险	Risk	26
风险爱好者	Risk Lover	27
风险规避者	Risk Averter	27
风险偏好	Risk Preference	26
风险占优	Risk Dominance	157
风险中性者	Risk Neutralist	27
复合博彩	Compound Lottery	24
复制动态	Replicator Dynamics	171
概率	Probability	14
概率密度函数	Probability Density Function	15
概率溢价	Probability Premium	28
概率质量函数	Probability Mass Fucntion	15
公共信号相关均衡	Correlated Equilibrium of Public Information	68
共同认识	Common Knowledge	51
古诺模型	Cournot Model	65
规范式	Normal Form	36
规范式颤抖手完美纳什均衡	Normal Form Trembling-hand Perfect Nash Equilibrium	152
函数	Function	11
荷兰式拍卖	Dutch Auction	109
核	Core	3,164

后行优势	Second-mover Advantage	83
后验分布	Posterior Distribution	104
混合策略	Mixed Strategy	40
混合策略纳什均衡	Mixed Strategy Nash Equilibrium	59
混同均衡	Pooling Equilibrium	137
货币收益	Monetary Outcomes	27
机制设计	Mechanism Design	111
激励相容	Incentive Compatibility	115
极值	Local Extremum	13
集合	Set	11
价值	Worth	163
简单博彩	Simple Lottery	24
交集	Intersection	11
焦点	Focal Point	155
结局相等	Outcome Equivalence	42
紧	Compact	11
静态博弈	Static Game	46
局部互动模型	Local Interaction Model	175
决策点	Decision Node	36
决策论	Decision Theory	19
均衡	Equilibrium	53
均衡存在性	Existence of Nash Equilibrium	58
均衡的精炼	Equilibrium Refinement	60
均衡的选择	Equilibrium Selection	155
均衡唯一性	Uniqueness of Nash Equilibrium	58
均衡占优	Equilibrium Domination	148
开	Open	11
可理性化策略	Rationalizable Strategy	56
可转移效用博弈	Transferable Utility Game	163
空集	Empty Set	11
空谈博弈	Cheap Talk	143
扩展式	Extensive Form	36
扩展式颤抖手完美纳什均衡	Extensive Form Trembling-hand Perfect Nash Equilibrium	152
类型	Type	106
理性	Rational	22,51

中文	English	页码
理性假设	Rationality Assumption	51
连续性	Continuity	12, 24
联合概率密度函数	Joint Probability Density Function	16
联合概率质量函数	Joint Probability Mass Fucntion	16
联立方程法	Simultaneous Equation Method	65
联盟	Coalition	163
联系法则	Linkage Principle	107
劣策略	Dominated strategy	55
轮流剔除	Iterated Removal	56
枚举法	Enumeration Method	63
密封二价拍卖	Sealed-bid Second-price Auction	107
密封一价拍卖	Sealed-bid First-price Auction	107
纳什回归	Nash Reversion	92
纳什均衡	Nash Equilibrium	3, 57
拟凹	Quasi-concave	62
逆向归纳	Backward Induction	79
浓缩策略	Reduced Strategy	42
拍卖	Auction	107
偏好	Preference	21
平均效用	Average Utility	94
期望	Expectation	16
前向归纳	Forward Induction	147
囚徒困境	Prisoner's Dilemma	53
全集	Universal Set	11
确定等值	Certainty Equivalence	28
弱完美贝叶斯纳什均衡	Weak Perfect Bayesian Nash Equilibrium	129
弱一致	Weak Consistent	131
筛选	Screening	142
上半连续	Upper Hemicontinuous	12
社会选择函数	Social Choice Function	112
石头剪子布	Rock-paper-scissors Game	35
时间贴现	Discount	85
实验	Experiment	14
市场进入博弈	Market Entrance Game	76
试错归纳法	Trial and Error Induction Method	65

适当均衡	Proper Equilibrium	155
收入相等法则	Revenue Equivalence Principle	107
顺序均衡	Sequential Equilibrium	134
顺序理性	Sequential Rationality	79,131
私人信号相关均衡	Correlated Equilibrium of Private Information	67
随机事件	Random Event	14
随机装置	Randomization Device	41
特征函数	Characteristic Function	163
田忌赛马	Horse Race of Tian Ji	3
条件概率	Conditional Probability	15
条件概率密度函数	Conditional Probability Density Function	16
条件概率质量函数	Conditional Probability Mass Fucntion	16
凸	Convex	11
凸包	Convex Hull	67
完美贝叶斯纳什均衡	Perfect Bayesian Equilibrium	47
完美回忆	Perfect Recall	38
完美信息	Perfect Information	38
完全信息	Complete Information	46
完全信息动态博弈	Dynamic Game of Complete Information	73
完全信息静态博弈	Static Game of Complete Information	49
完整性	Completeness	22
无名氏定理	Folk Theorem	92
无限期轮流出价模型	Infinitely Bargaining Model	85
下半连续	Lower Hemicontinuous	12
先行优势	First-mover Advantage	83
先验分布	Prior Distribution	104
显示原理	Revelation Principle	115
相关均衡	Correlated Equilibrium	66
相互最优反应	Mutual Best Response	58
相机计划	Contingent Plan	39
效用函数	Utility Function	21
效用占优	Payoff Dominance	156
协相关	Affiliated	110
信号传递	Signaling	135
信息集	Information Set	37

行为策略	Behavior Strategy	42
严格单调	Strictly Monotonic	22
严格劣策略	Strictly Dominated Strategy	55
严格占优策略	Strictly Dominant Strategy	54
演进稳定策略	Evolutionarily Stable Strategy	3,171,172
一次同时博弈	One-shot Simultaneous Game	46
一次性偏离原则	One-shot Deviation Principle	87
英国式拍卖	English Auction	109
鹰鸽博弈	Hawk-dove Game	63
有界	Bounded	11
占优策略	Dominant Strategy	54
真实上报直接显示机制	Truthfully Reporting Direct Revelation Mechanism	115
执行	Implementation	113
直接显示机制	Direct Revelation Mechanism	114
直觉标准	Intuitive Criterion	151
重复博弈	Repeated Game	90
资产组合	Portfolio	30
子博弈	Subgame	78
子博弈完美纳什均衡	Subgame Perfect Nash Equilibrium	4,47,78
子集	Subset	11
阻碍	Block	164
最小最大效用	Minimax Utility	95
最值	Global Extremum	13

教辅申请说明

北京大学出版社本着"教材优先、学术为本"的出版宗旨,竭诚为广大高等院校师生服务。为更有针对性地提供服务,请您按照以下步骤在微信后台提交教辅申请,我们会在 1~2 个工作日内将配套教辅资料,发送到您的邮箱。

◎手机扫描下方二维码,或直接微信搜索公众号"北京大学经管书苑",进行关注;

◎点击菜单栏"在线申请"—"教辅申请",出现如右下界面:

◎将表格上的信息填写准确、完整后,点击提交;

◎信息核对无误后,教辅资源会及时发送给您;
如果填写有问题,工作人员会同您联系。

温馨提示: 如果您不使用微信,您可以通过下方的联系方式(任选其一),将您的姓名、院校、邮箱及教材使用信息反馈给我们,工作人员会同您进一步联系。

我们的联系方式:

北京大学出版社经济与管理图书事业部
北京市海淀区成府路 205 号,100871
联 系 人: 周莹
电 话: 010-62767312 /62757146
电子邮件: em@pup.cn
Q Q: 5520 63295(推荐使用)
微信: 北京大学经管书苑(pupembook)
网址: www.pup.cn